空温式翅片管气化器
传热分析及计算

陈叔平　姚淑婷　著

科 学 出 版 社

北 京

内 容 简 介

本书主要针对空温式翅片管气化器表面结霜和设计问题，通过分形理论探讨翅片管表面结霜生长机理，分析结霜对气化器换热性能的影响，论述不同工况下空温式翅片管气化器传热与设计计算方法。全书共 5 章，主要内容包括空温式翅片管气化器概述、空温式翅片管气化器表面结霜传热传质分析、空温式翅片管气化器空气侧换热、空温式翅片管气化器低温液体侧换热和空温式翅片管气化器传热分析及设计计算。

本书可供从事低温换热设计工作的工程技术人员参考，也可供相关专业教学选用和有关科研工作者参考。

图书在版编目(CIP)数据

空温式翅片管气化器传热分析及计算 / 陈叔平，姚淑婷著. -- 北京：科学出版社，2024.6. -- ISBN 978-7-03-078916-7

Ⅰ. TK172.4

中国国家版本馆CIP数据核字第2024TU810号

责任编辑：裴　育　陈　婕 / 责任校对：任苗苗
责任印制：肖　兴 / 封面设计：陈　敬

科 学 出 版 社 出版
北京东黄城根北街 16 号
邮政编码：100717
http://www.sciencep.com
涿州市般润文化传播有限公司印刷
科学出版社发行　各地新华书店经销
*
2024 年 6 月第 一 版　开本：720×1000 1/16
2024 年 6 月第一次印刷　印张：14
字数：282 000
定价：118.00 元
(如有印装质量问题，我社负责调换)

前　言

近年来，随着液化天然气、液氢、液氮、液氧、液氩等低温液体的应用及其储运技术的快速发展，低温液体气化器的使用越来越广泛。空温式翅片管气化器作为一种低温液体气化器，利用翅片管外空气的自然对流换热，加热管内的低温液体，使液体完全蒸发成气体，具有结构简单、能耗低、绿色环保和运行成本低等优点。然而，空温式翅片管气化器使用过程中，其翅片表面会不可避免地出现结霜，而且随着时间延续，结霜会更加严重，需要停机除霜，否则将影响使用。结霜是气化器应用中经常遇到的问题，尤其在制冷及低温领域结霜对气化器的换热效果影响较大。霜的沉积增大了翅片管表面与空气间的传热热阻，恶化了传热效果，使气化器的气化能力大大降低；同时结霜使空气流通通道变窄，增大了空气流过气化器的流动阻力，增加了能耗，带来诸多不利影响。目前，空温式翅片管气化器多采用简化方法进行设计，忽略翅片管表面结霜对传热的影响，使其实际应用偏差较大。因此，结合实际工况合理优化空温式翅片管气化器设计，对推广这类节能降耗换热设备的广泛应用具有重要意义。

作者在20世纪90年代就开展了低温翅片管气化器的研究工作，提出将低温自增压气化器运行过程分为预增压与正常排液两个阶段进行分析，选取耗液量大的阶段作为设计依据，该设计方法在工程中获得了很好的应用。通过对低温翅片管气化器稳态换热和非稳态换热进行分析研究，提出将低温流体在翅片管内传热气化过程分为单相液体对流换热、气液两相沸腾对流换热、缺液区换热及单相气体对流换热四个过程进行分析，将气化器设计计算分为四个部分来考虑，并选用适用性强、准确度较高的关联式，最终归纳了相应的计算模型，使气化器设计更加合理准确。同时尝试将遗传算法应用于低温翅片管气化器结构的优化设计，取得了很好效果。在此基础上，重点研究了翅片管表面结霜及其对气化器传热性能的影响，应用分形理论阐述了低温表面霜生长的分形特性，建立了霜层导热系数分形模型，并探究了结霜对翅片管空气侧换热特性的影响规律。鉴于近年来低温翅片管气化器结霜问题及其影响日益突出，作者觉得有必要让领域内更多研究人员对结霜影响下的空温式翅片管气化器设计有一定认识。为此，作者结合多年来在低温翅片管气化器相变传热特性、设计计算方法、优化设计及结霜影响规律等方面积累的研究基础撰写了此书。

本书概述了液化天然气(LNG)、液氮、液氧、液氩等低温液体的应用，介绍了实现低温液体储运、冷量利用、低温液体气化及低温气体制冷的重要设备——空温式翅片管气化器。从常见的空温式翅片管气化器表面结霜现象出发，探究低温表面霜生长机理及分形特性，并深入到结霜工况下空温式翅片管气化器表面空气侧换热规律；再由管外空气侧换热规律过渡到管内低温液体侧流动换热规律，根据管内低温液体相态不同，将翅片管内传热过程分别按液相区、气液两相区及气相区进行系统介绍与数值计算。在此基础上，针对表面结霜与管内相变换热耦合工况下空温式翅片管气化器整体传热过程进行分析，详细阐述结霜工况下与无霜工况下单液相区、气液两相区及单气相区的气化器传热规律及设计计算，提出考虑结霜影响的空温式翅片管气化器设计计算方法，并以实际运行的某一 LNG 空温式气化器为例进行设计计算，说明结霜对空温式翅片管气化器换热设计的影响，同时对翅片管表面有效抑霜/除霜方法进行初步探讨。全书每章参考文献详尽，可供读者深入学习时参考。本书可供从事与低温气化器相关工作的工程技术人员参考，书中关于结霜影响下空温式翅片管气化器换热设计的介绍，能对读者产生启发，并应用于具体研究和工程实际中。

本书研究工作得到了国家自然科学基金(51076061)的资助，在此表示由衷感谢！本书由姚淑婷负责资料收集与整理，陈叔平负责统稿、审定。本书从资料收集、研讨到最后定稿，得到了课题组研究生常智新、昌锟、韩宏茵、王明秋等大力支持，他们虽已离开校园，走上不同工作岗位，但仍为本书撰写添砖加瓦，也正是因为他们在校期间的出色工作，本书才有了自己的特色。此外，本书撰写参考了低温液体气化器相关文献和书籍，在此向相关文献作者表示感谢。

　　由于作者水平有限，难免存在不足之处，敬请读者批评指正！

作　者
2024 年 3 月 20 日

目　　录

第1章　空温式翅片管气化器概述

1.1　低温液体及其应用

换热器是一种将热流体的部分热量传递给冷流体的设备，是化工、石油、动力、能源、机械、冶金、交通、电力、食品及其他许多工业部门的通用设备，在生产中占有重要地位，尤其在化工生产中换热器可作为加热器、蒸发器、再沸器和冷凝器等，应用更加普遍。随着低温气体制冷、气体液化及分离、低温液体储运及低温应用技术的迅速发展，低温换热器的应用越来越广泛。

作为一种特殊的低温换热器，低温气化器是低温液体储运及低温气体应用系统中进行热量传递、冷量利用、低温液体气化的重要设备，其性能直接影响低温应用系统的经济指标、安全可靠与发展前途。近年来，随着液化天然气(liquified natural gas, LNG)、液氢、液氮、液氧、液氩等低温液体的应用及低温液体储运技术的迅速发展，低温气化器的应用越来越广泛，这为低温气化器的研制带来了新的发展机遇和挑战。伴随着工业经济和高新技术的快速发展，低温气化器不断改进，并逐渐向紧凑、轻巧、高效、小型化的方向发展[1,2]，人们希望能够不断提高气化器的换热效率，以适应各种日益苛刻的使用工况，因此低温气化器的研究备受重视。

低温液体通常指低温液化气体，在工业及科研领域中有着不可替代的作用，随着低温应用技术的飞速发展，其应用也涉及生活的方方面面。

1.1.1　液化天然气

天然气(natural gas, NG)，一般指蕴藏在地下多孔隙的岩层中自然形成的气体。天然气主要成分为甲烷(CH_4)，此外还含有少量的乙烷、丙烷、硫化物、二氧化碳、氮气和水蒸气等，以及微量的惰性组分。一般情况下，天然气密度约为0.717kg/m^3，比空气轻，具有无色、无味的特性，是一种热值较高、燃烧稳定、洁净环保的优质能源和化工原料。天然气是当今世界能源消耗中的重要组成部分，它与煤炭、石油并称为世界能源的三大支柱。目前，国内天然气来源渠道多样，既有国内气田开采的天然气(如干气、煤层气、页岩气、油田伴生气等)，也有国外进口管道天然气与液化天然气，其应用主要有以下几方面。

(1)城市燃气：城镇居民炊事、采暖等用气；公共服务设施(如机关、学校、餐饮、商场等)用气；天然气汽车用气。天然气汽车包括压缩天然气(compressed natural gas, CNG)汽车与 LNG 汽车，其环保性、经济性好，在出租车、大巴车及重型卡车上获得了普遍应用，促进了天然气汽车产业的发展。

(2)工业燃料：主要包括用于建材(陶瓷、玻璃等)、机电、轻纺、石化、冶金等工业领域的生产用气，它的使用降低了燃煤、燃油比例，减少了环境污染。

(3)天然气化工：以天然气为原料生产合成氨、甲醇、二甲醚、炭黑等化工产品。

(4)天然气发电：主要在电负荷中心且天然气供应充足的地区，利用天然气调峰发电，取代燃油、燃煤发电，可降低大气污染。

一般地，气田生产的天然气经预处理，脱除重质烃、硫化物、CO_2、水等杂质后，再冷却到-162℃就会变成液体，成为 LNG。LNG 是天然气以液态存在的形式，无色、无味、无毒且无腐蚀性，其体积约为同质量气态天然气体积的 1/625，重量仅为同体积水的 45%左右，热值为 52MMBtu/t(1MMBtu=1.055×10^9J)。LNG 具有低温、轻质、易蒸发的特性，在大气中会迅速气化。在 0.1MPa 和-162℃条件下，LNG 的密度为 426kg/m^3，爆炸极限(V%)为 5%~15%，燃点为 650℃，压缩系数为 0.740~0.820。LNG 在生产时已脱除了气体的杂质，因此 LNG 作为燃料燃烧时所排放的烟气中 SO_2 及 NO_x 含量很少，被称为清洁能源。天然气以 LNG 的形式储存和运输，具有成本低、使用方便、安全可靠、清洁环保等诸多优点。

国际上 LNG 的生产和应用已有久远的历史，LNG 贸易是天然气国际贸易的一个重要方面。我国对 LNG 产业的发展越来越重视，LNG 利用是一项上下游各环节联系十分紧密的链状系统工程，由天然气开采、天然气液化、LNG 运输、LNG 接收与气化、天然气外输管线、天然气最终用户等环节组成。LNG 的生产、运输、使用方面的安全性都很好，它的生产工艺流程短，是一个物理变化的过程，便于安全管理。运输过程中 LNG 在特制的低温容器中自然蒸发率低于 0.3%，在充装率不超过 90%的情况下可以做到 40 天不排放，只要保证低温状态，都能安全运抵目的地，并且 LNG 的密度与液氮密度比为 0.52，其运输设备(汽车罐车、罐式集装箱)可以采用高真空多层绝热结构形式，提高运输效率，并能满足国家法律、法规及标准的要求。现如今 LNG 作为清洁能源，在我国运输业、工业、居民生活燃料等方面得到了大力推广及广泛应用[3]。LNG 的应用主要表现在如下方面。

(1)发电：目前 LNG 最主要的工业用途。日本一直是世界上 LNG 进口最多的国家，其 LNG 进口量的 75%以上用于发电，用作城市煤气的 LNG 占进口量的 20%~23%。韩国也是 LNG 进口大国，其电力工业是韩国天然气公司(Kogas)的最大用户，所消费的 LNG 占该国 LNG 进口总量的 50%以上。

(2)用于陶瓷、玻璃等行业：LNG 用于玻璃、陶瓷制造业和石油化工及建材业(无碱玻璃布),可极大地提高产品的质量或降低成本,从而因燃料或原料的改变,而成为相关企业新的效益增长点。

(3)民用:LNG 作为清洁燃料,可供城市居民用气和商业用气。

(4)车用:LNG 作为环保型能源,可用作汽车代用燃料。将天然气作为汽车燃料与传统燃料相比,可大大降低尾气排放给城市带来的大气污染。天然气三种汽车燃料包括 LNG、CNG 和液化石油气(liquefied petroleum gas, LPG),其中又以 LNG 的技术经济性能最优,如表 1.1 所示。

表 1.1　LNG、CNG 和 LPG 三种汽车燃料的经济性能比较[4]

比较指标	LNG	CNG	LPG	备注
生产费用/%	50～60	70～80	60～70	以汽油为 100%
汽车行车里程单位价格/%	70～75	75～85	80～90	以汽油为 100%
续行距离/km	550	170	550	—
行驶速度/(km/h)	90	90	90	—
能耗/(kW·h/km)	0.89	0.91	0.91	—
加气时间/min	5	5～10	5	—

(5)调峰:LNG 作为管道天然气的调峰气源,可对民用燃料系统进行调峰,保证城市安全、平稳供气。在美国、英国、德国、荷兰和法国等国家,LNG 调峰装置已广泛应用于天然气输配系统中,对民用和工业用气的波动性,特别是对冬季用气的急剧增加起调峰作用。

(6)冷量利用:LNG 冷量可用于发电、空气液化分离、生产速冻食品、橡胶低温粉碎与空调系统等方面,可实现可观的经济效益和社会效益。

1.1.2　液氮

氮在常温常压下是一种无色、无味的气体,其沸点为 77.355K,在标准状态下氮的密度为 $1.2504kg/m^3$,比空气略轻。氮为双原子分子,化学性质不活泼,在通常情况下很难与其他元素直接化合,可用作保护气体。在标准大气压下,温度低于−196℃时,氮气就会液化成为液氮(LN_2),液氮是一种无色、无味、无毒、低黏度的透明液体,其密度为 $806.084kg/m^3$。液氮的制取一般通过大型空分装备将空气液化,利用氧、氮、氩沸点的不同,通过低温精馏及主冷换热在下塔顶部获得液氮。

液氮是惰性的,无色,无臭,无腐蚀性,是常用的低温液体,由于其化学惰性,可以直接与生物组织接触,立即冷冻而不会破坏生物活性,可以用于迅速冷冻和运输食品,液氮冷冻治疗也是现代医学的新兴热点。同时,液氮也是一种较为方便的冷源，在畜牧业、医疗事业、食品工业以及低温研究领域等方面得到了越来越普遍的应用。液氮在畜牧业方面的应用有：广泛用于家畜冻配改良技术；家畜及多种动物的胚胎移植，制备保存胚胎；液氮低温保存微生物技术；农业生物基因保存；保存液氮疫苗。液氮在医疗事业方面的应用：在低温医学领域用于骨髓、造血干细胞、皮肤、角膜、内分泌腺体以及血管和瓣膜等的冷冻保存和移植；在临床医学领域是应用最广泛的冷冻剂。液氮在食品工业中的应用：速冻保存食品；填充高碳酸型饮料；贮存保鲜果蔬；在肉制品加工中提高产品质量；在食品包装中延长食品保鲜期；在食品冷藏运输中用于冷藏保鲜。液氮在电子工业中的应用：超导材料的冷却；屏蔽和测试电子元器、电路板；低温球磨技术；液氮冷却切削加工技术。此外，在其他各个领域中的应用：火箭燃料的推送剂；高温超导电力电缆开发；紧急维修中对液体管道进行冻结；物质的低温稳定和低温淬火；液氮冷装配技术；人工增雨技术；液氮排液技术；井下灭火技术[4]。

1.1.3　液氧

氧是一种无色、无味的气体，标准状态下的密度为 $1.4290kg/m^3$，比空气略轻。在标准大气压下，氧的沸点为 90.1878K。液氧(LO_2)是氧气的液体状态，沸点下的液氧密度为 $1141.17kg/m^3$，呈浅蓝色，透明；冷却到 54.361K 时液氧凝固成雪花状的淡蓝色固体。

液氧广泛应用于航天、医学、工业和军事领域。液氧是非常强的氧化剂，有机物在液氧中可以剧烈燃烧。在国防工业中，液氧是一种重要的氧化剂，可作为某些早期弹道导弹的氧化剂；液氧是火箭最好的助燃剂，为发动机提供很高的比冲。此外，液氧还可用作超声速飞机的氧化剂，也可制作液氧炸药。在冶金工业中，在炼钢过程中吹以高纯度液氧，可有效降低钢的含碳量和杂质，缩短冶炼时间，提高炼钢质量，同时氧化过程产生足够的热量维持炼钢所需温度，高效经济。在化学工业中，液氧可用于合成氨原料气的氧化，如重油的高温裂化、煤粉的气化等，以强化工艺过程，提高化肥产量。

1.1.4　液氩

氩是一种无色、无味、无毒的惰性气体。氩不能燃烧，也不能助燃，化学性质很稳定，一般状态下不生成化合物。氩气具有较高的密度($1.784kg/m^3$)和低的导热系数。氩的标准沸点为87.302K。液氩(LAr)是一种无色透明的液体，其密度比液氧大，在标准大气压下，氩在 83.8058K 时变成固体。氩气主要用于灯泡充气和对不锈钢、镁、铝等的电弧焊接，即"氩弧焊"，还可用于钢铁、铝、钛和锆的冶炼。放电时氩发出紫色辉光，可用于照明技术和填充日光灯、光电管、照明管等。

1.1.5　液氢

氢是一种无色、无味、无臭的气体，是已知气体中最轻的气体。在所有气体中，氢的比热容最大，导热系数最高，黏度最低。在标准状态下，正常氢的沸点为 20.39K，凝固点为 13.957K。氢是一种易燃易爆物质，在大气压及 293K 时，氢与空气混合物的燃烧浓度范围为 4%～75%，当混合物中氢的浓度为 18%～65% 时，特别容易引起爆炸。

液氢(LH_2)是将氢气压缩后深冷到 20K 以下使之液化形成的液体，是一种无色、无味的高能低温液体燃料。液氢的密度为 $70.8kg/m^3$(在 20K 下)，是常温、常压下气态氢的 845 倍，体积能量密度是压缩氢气(150～200bar)($1bar=10^5Pa$)的 6 倍[5]；液氢的热值高，每千克热值是汽油的 3 倍[6]。因此，液氢储能是极为理想的大容量储能方式。

目前，液氢的应用大致有以下几个方面。

(1)工业上的用途：用作化工原料，生产化肥、染料、塑料、甲醇及油类和脂肪的氢化等。

(2)民生上的用途：氢可取代天然气及煤气为居民生活取暖、烹煮、加热水等提供能源。

(3)交通运输方面的用途：氢可作为合成燃料替代石油，用于汽车、飞机、船舶的驱动。液氢的燃烧产物是水，对环境污染非常小，主要问题仍在于降低制氢的成本、解决氢的储运等。

(4)航空航天领域的用途：作为航空航天工业用燃料。目前，液氢与液氧组成的双组元低温液体推进剂的能量极高，已广泛应用于发射通信卫星、宇宙飞船和航天飞机等运载火箭，海南文昌发射基地应用的推进剂就是液氢与液氧。此外，液氢还能与液氟组成高能推进剂。液氢储存器内的温度与环境的温差较大(253℃±25℃)，给液氢的保冷、防止挥发、储存容器材料和结构设计、加工工艺等提出了苛刻的要求[7]，液氢储存容器必须使用耐超低温的金属材料，并采用高真空多层绝热。

(5)燃料电池发电和储能：燃料电池通过氢气与氧气或空气的电化学反应得到直流电，其发展按电解质的不同可分为碱性、磷酸型、熔融碳酸盐、固体氧化物、固体聚合物、质子交换膜等。用燃料电池发电，能量密度大、发电效率高，质子交换膜的效率可达 70% 以上。通过降低重量和成本，用燃料电池取代内燃机，可大大提高燃料能源效率，减少污染与噪声。另外，还可将太阳能等可再生能源转换成化学能储存，然后通过燃料电池再转换成电能。因此，氢燃料电池是未来电动汽车、电动船舶、无人飞机的理想电源，应用前景十分广阔。

(6)太阳能-氢能系统：即太阳能-电能-氢能-电能的转换系统。把氢作为季节性储能介质，夏季阳光充足时，光发电送入电解装置供电解水制氢并储存氢气，将太阳能转换成氢的化学能；冬季通过燃料电池将氢转换成电能。其技术要点在于开发利用太阳能的光伏阵列与电解装置的最佳配合，即电解装置的电压和电流匹配到光伏阵列的最大功率处，使产氢量达到最高。德国的 Solar Wasserstoff-Bayern 和德国-沙特的 Hysolar 都是超过 10kW 的经济型太阳能-氢能系统。

1.1.6　液态二氧化碳

二氧化碳是一种不燃烧、无色、无味的弱酸性气体，其升华温度为-78.4℃。二氧化碳比空气重，在标准状况下密度为 1.977g/L，约是空气的 1.5 倍。在 20℃时，将二氧化碳加压到 $5.73 \times 10^6 Pa$ 可变成无色液体，即液态二氧化碳，其密度为 $1.101g/cm^3$（-37℃），通常加压储存在钢瓶中，在-56.6℃、$5.27 \times 10^5 Pa$ 时变为固体。液态二氧化碳减压时迅速蒸发，一部分气化吸热，另一部分骤冷变成雪状固体，将雪状固体压缩，成为冰状固体，俗称"干冰"。干冰在-78.5℃、$1.013 \times 10^5 Pa$ 时可直接升华变成气体。

液态二氧化碳常用作制冷系统中的制冷剂，液态二氧化碳膨胀后生成干冰，可以用于保藏食品，也可用于人工降雨。此外，液态二氧化碳还应用于冷却剂、焊接件、铸造工业产品、清凉饮料、灭火剂、碳酸盐类、杀虫剂、氧化防止剂、植物生长促进剂、发酵工业产品、药品（局部麻醉）、制糖工业产品、胶及动物胶的制造等。二氧化碳无毒，但不能供给动物呼吸，是一种窒息性气体。在空气中通常含量为 0.03%（V%），当含量达到 10%时，人的呼吸就会逐渐停止，最后窒息死亡。枯井、地窖、地洞底部一般二氧化碳的浓度较高，所以在进入之前，应先进行灯火实验，如果灯火熄灭或燃烧减弱，就不能贸然进入，以免发生危险。

1.2　低温液体气化

1.2.1　气化定义

通常将常压下是气体的物质在系统中由液体转变成气体的过程称为"气化"。在一定压力下对液体加热，当液体温度达到该压力对应的饱和温度时，液体开始沸腾气化，此时的液体称为饱和液体。继续加热，液体温度保持不变，直到液体全部变为气体，此时的气体称为饱和气体。若仍维持压力不变继续加热，气体的温度开始升高，形成过热气体。加热过程中饱和液体变为饱和气体所需的热量称为气化潜热。低温液体气化，就是指向液氮、液氧、液氩、液氢、液态二氧化碳、液化天然气等低温液化气体输送热量，使其气化，达到一定的温度和压力以便于人们使用。

1.2.2　气化工艺及设备

使用气化器对低温液体加热使其气化是工业上常用的气化方法。气化器主要是利用热传导、热对流等方法，将热量从高温液体或气体传递至低温液体，使液体气化。在化工装置中，换热设备数量占设备总数量的 40%左右，成本占总成本的 35%～46%。气化器作为换热设备的一种，与普通换热器的不同之处是它的工作过程包含工作介质产生相变的过程，即液态介质的气化需要经历 3 个过程：预热→蒸发→过热[8]。完整的气化站不仅仅是气化，还包括卸车、储存等工艺，下面以 LNG 气化工艺为例对低温液体气化工艺及设备进行说明。

LNG 在气化站的气化流程主要包括卸车、储存、气化、调压、计量等。LNG由管道输运或经槽车(或罐式集装箱)运至气化站，在卸车台对槽车增压，将 LNG卸入气化站内的储罐中储存，气化时通过增压器或泵将储罐中的液体输送到气化器中，在气化器中进行气化。将低压 LNG 转变成高压 CNG 通常有两种方式：一种是 LNG 通过低压气化器气化成低压气体，然后通过压缩机加压形成 CNG；另一种是通过高压低温泵将 LNG 输送至高压气化器中，在高压气化器中气化形成CNG。

1)卸车工艺

卸车就是将槽车中的 LNG 卸到气化站内的储罐中。储罐进液可分为上进液和下进液两种方式。当槽车中的 LNG 温度低于气化站内储罐中的 LNG 温度时，可采用上进液方式，将槽车中温度较低的 LNG 通过上进液管上的喷嘴喷淋进储罐中，将罐内部分气相冷却为液相，既可降低罐内压力，也有助于液体温度均匀。当槽车中的温度高于罐内温度时，则采用下进液方式，槽车中温度较高的 LNG 通过下进液口进入储罐，与储罐内温度较低的 LNG 混合而降温，有助于液体温度均匀，防止分层。在实际操作中，将槽车中的 LNG 运至气化站时，槽车中的温度一般高于储罐中的温度，因此通常采用下进液方式卸车[9,10]。

2)储存工艺

气化站规模不同，LNG 储罐的容量及结构形式也不尽相同。大型 LNG 气化站、调峰站、接收站普遍使用大型常压 LNG 储罐。其中，全容式 LNG 储罐因其安全、可靠，成为国内大型 LNG 接收站、气化站中普遍采用的 LNG 储罐。全容式 LNG 储罐由一个主容器和一个次容器组成，主容器为立式的钢罐，用于储存低温液体；次容器为钢制或混凝土结构，可存放泄漏液体及蒸发气。全容式 LNG 储罐具体结构主要由内罐、预应力钢筋混凝土外罐、外罐内侧底部热角保护系统、内外罐之间的保冷系统以及工艺仪表等附件构成，如图 1.1 所示。内罐顶为铝合金吊顶，通过吊杆连接到外罐穹顶，铝合金吊顶与内罐壁顶部设有柔性密封系统[11]。

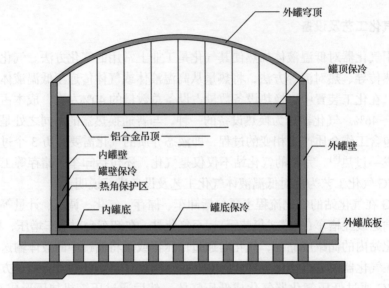

图 1.1　全容式 LNG 储罐结构示意图

3) 气化工艺

当气化站为中低压管网供气时，利用储罐自带的增压器将 LNG 增压，送入气化器气化，气化后压力约为 0.4MPa，然后经调压、计量、加臭后送入城市中压管网，这是普通的气化工艺。但是对于用气量比较大的城市，普通的气化工艺供气压力低，供气量受到限制，不能满足用气需求，此时应增大燃气的出站压力，采用次高压管网供气，以减小管径、降低管网的造价[10]。提高气化站的出站压力可以通过以下两种途径来实现[12]：一种是采用普通的气化工艺气化后，再用压缩机提高燃气压力，送入城市次高压管网，即气化压缩工艺；另一种是先用低温泵加压，然后进入气化器气化，送入城市次高压管网，即加压气化工艺。对液体加压比对气体加压效率高，所以加压气化工艺较气化压缩工艺经济性好，实际运行中大多采用加压气化工艺。

1.3　气化器分类及简介

气化器作为传热设备被广泛用于低温液体领域，随着节能技术的飞速发展，气化器的种类越来越多。针对不同介质、不同工况、不同温度、不同压力，气化器结构形式也不同。

1.3.1　按加热热源分类

根据热源的不同，气化器可分为自然热源型、直接加热型和回收热源型三大类。

1. 自然热源型气化器

自然热源型气化器又可分为空温式、水浴式、开架式几种类型，其热量均来自自然环境，如空气、热水、海水、地热水等[13]。

1) 空温式气化器

空温式气化器（ambient air vaporizer，AAV），也称为空浴式气化器、自然通风空温式气化器，如图 1.2 所示。空温式气化器利用自然对流的空气作为热源，在尽可能小的空间中获取大气中的热量，使低温液体气化成一定温度的气体；其结构简单，制造维护成本低，无须提供额外的动力和能量，因此得到了广泛应用。空温式气化器通常是由带翅片的铝管制成的，当低温液态气体流入气化器时，气化器周围的空气与翅片铝管内的液态气体产生热交换，空气温度降低，从而在空气内部产生温差，造成空气流动，并与气化器表面进行热交换，有新的"相对较热"的空气涌到气化器周围继续发生新的热交换。

图 1.2　空温式气化器

实际上空温式气化器一般都是放在室外，以便于通风，有利于改善换热。为了强化换热，可以在气化器顶部或其他适当位置加装风扇，形成空气强制对流。如图 1.3 和图 1.4 所示的强制通风型气化器正是基于空温式气化器改进而来的，这种气化器内加装了通风装置，可使热交换过程中变冷的空气迅速离开气化器表面，提高换热效果，并有效防止气化器表面结霜。

2) 水浴式气化器

水浴式气化器以水为热媒，主要采取强制加温的方法对低温液体加热使之气化成一定温度的气体。在大型 LNG 接收站中，浸没燃烧式气化器（submerged combustion vaporizer, SCV）与管壳式气化器（shell tube vaporizer, STV）等以海水

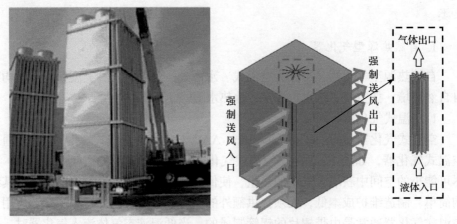

图 1.3　强制通风型气化器作用原理图[14]

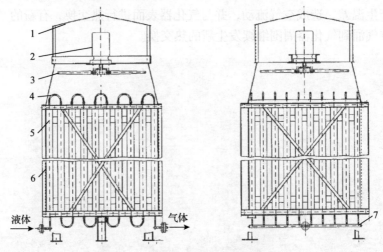

图 1.4　强制通风型气化器结构简图[15]

1-防雨罩；2-隔爆电机；3-风扇；4-弯管；5-换热管；6-壁板；7-集管

为热媒的气化器，均属于水浴式气化器。需要额外加热的水浴式气化器按加热方式可分为电加热水浴式气化器、蒸汽加热水浴式气化器、热水循环加热水浴式气化器三种结构形式。早期的水浴式气化器结构与一般化工工业应用的管壳式换热器结构类似，低温介质走管程，加热介质走壳程，壳程安装有折流板以提高壳程介质流速。目前，使用较多的水浴式气化器一般为立式结构，其管程一般采用螺旋缠绕管取代早期管壳式气化器的直管，低温介质随换热管螺旋上升与壳程介质进行换热，通过控制壳程介质的温度和流量控制气化量，使其出口气体温度符合用户需要。螺旋缠绕管壳式水浴式气化器进一步增加了传热面积，其壳程阻力较小，对壳程介质的温度也不太苛刻，同时可以实现多股流体在同一设备内换热。

相比于空温式气化器，水浴式气化器具有传热效率高、气化量大、体积小、结构紧凑、占地面积小、可控性高等优点，可放置在室内，温度可自控节省人力，逐步成为常见的中小型气化器之一[16]。但该气化器仍需要提供外部能源，增加了一定运营成本，在实际生产中常与空温式翅片管气化器配套使用以节约能源。例如，我国北方地区冬季温度在–20℃以下，仅依靠空温式气化器还达不到出口气体的温度要求，此时需要将水浴式气化器与空温式气化器配合使用，即让气体再次通过水浴式气化器进行升温，方可达到要求。

(1)电加热水浴式气化器。

电加热水浴式气化器结构如图 1.5 所示。这种气化器是利用高效的电热元件加热气化器壳程中的水，进而达到和缠绕管中的低温介质进行热交换的目的。电加热水浴式气化器实用性强，但是对加热部分的自动控制一般都有要求，需要防爆，而且现场要接自来水管。

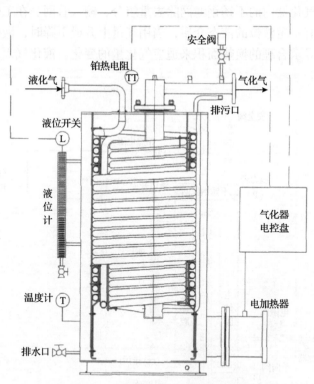

图 1.5　电加热水浴式气化器结构[8]

电加热水浴式气化器的作用分为两类：一类是加热液态气体(如液氮、液氧、液化石油气、液态二氧化碳等)，使之转化为气体的设备；另一类是作为低温气体的加热器，低温液体通过电加热水浴式气化器后，温度升高为需要的温度。

(2)蒸汽加热水浴式气化器。

蒸汽加热水浴式气化器结构如图 1.6 所示。这种气化器利用蒸汽作为热源，加热管程中的低温介质使其气化为设计温度下的气体，配置有温度控制器、蒸汽温控阀、电控箱等附件，以达到用户的需求。蒸汽加热水浴式气化器具有平均温差大、换热效率高、工作时间长、不受环境温度影响、结构紧凑、占地面积小、集中智能控制、使用安全方便等优点，广泛应用于各种化工厂和钢铁厂，通常作为空温式气化器的备用设备。在气温较低时，空温式气化器的气化量不能满足工业生产需求，需使用蒸汽加热水浴式气化器进行补充加热。蒸汽加热水浴式气化器气化能力比空温式气化器强很多，而且不会产生结霜、结冰的现象。饱和蒸汽自下而上不断送入蒸汽不锈钢同轴列管中，蒸汽不锈钢同轴列管与液化气之间有蒸汽冷凝腔，蒸汽在冷凝腔内凝结成水。蒸汽对陆续凝结在冷凝腔内的水（即冷凝水）进行加热，冷凝水以相对温和的方式加热气化器内的液化气，并使其过热。气化后的气体经过气化器内的不锈钢滤网除去重组分，输入管网。在工作过程中，气化器内通常存有一定液位的液态介质，当用气量上升或下降时，液位也会随之上升或下降，以寻求合理的换热面积来适应气化量的变化。液化气入口的电磁阀控

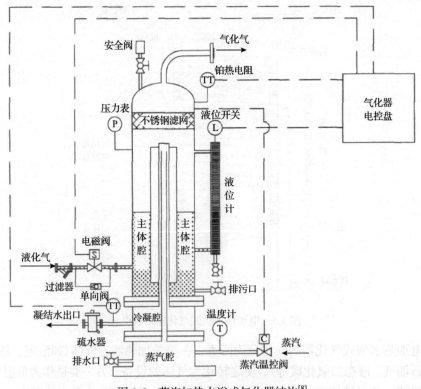

图 1.6　蒸汽加热水浴式气化器结构[8]

制液化气回路的通断,蒸汽入口的蒸汽温控阀通过获取蒸汽的温度信号控制蒸汽的进入量,从而实现有效控制。

(3)热水循环加热水浴式气化器。

热水循环加热水浴式气化器结构如图 1.7 所示。这种气化器是直接利用富余的热水对低温介质加热气化,其优势是热水多,并且可以循环利用,同时其劣势也是需要大量热水。气化装置现场若常年为大气温度较低、没有可用蒸汽供应和用地紧张的情况,空温式气化器和蒸汽加热水浴式气化器显然都不适用,而热水循环加热水浴式气化器则是为适应上述情况而开发的一种新型气化器。空分设备制气现场设有公共循环水系统,循环水系统的循环水量充足,且循环水温度随大气温度的变化小,显然是比空气更好的热源。热水循环加热水浴式气化器就是把空温式气化器经过一些设计改动后放置在循环水池中,利用流动的循环水提供热源加热低温液体,使之气化[17]。

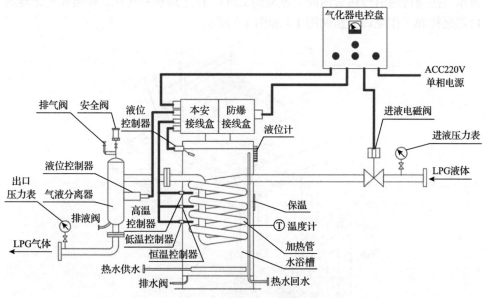

图 1.7　热水循环加热水浴式气化器结构

3)开架式气化器

开架式气化器(open rack vaporizer, ORV),又称为 ORV 型气化器,是另外一种较为常用的大型气化器。该气化器以海水作为热源对低温液体加热,不需要额外热源,属于节能设备,一般用于海运 LNG 接收端或海边 LNG 供气站。目前,世界上大部分 LNG 接收站都建在沿海或离海较近的区域,这样便于大型船舶停靠。充足的海水成为开架式气化器最常用的热源,与淡水资源相比,其成本低、资源充足,更具有优越性[18]。考虑到 LNG 将直接通过气化器,所以气化器的换热管束必须是耐低温材料，通常采用铝合金制造。由于换热管束外壁直接与海水接触，其外壁应做防腐处理。开架式气化器的结构很简单，主要外部接口有 LNG 入口、气化后的 LNG 气体出口以及海水进/出口等，换热管安装在箱体内。整个气化器悬挂在支架上，以便于检修。

　　开架式气化器没有移动部件，使用仪表元件也很少，设备的开关可以远控，因此维护保养很容易，改变气化器的运行负荷也很简单，只要改变流向喷淋系统的海水量和流经管道的 LNG 量即可。开架式气化器由许多单体组成，可以隔离部分管束以减小负荷，具有很高的安全性。由于该系统没有明火，含烃管道的少量泄漏可以挥发到大气中。

　　开架式气化器的结构与普通空温式星形翅片管气化器的结构相似，一般由70～100 根翅片管组成，低温液体由下部分液管进入换热管自下而上流动，气化器顶部装有海水喷淋装置，海水在平板型换热管束外侧依靠重力自上而下流动，海水将热量传递给传热管内向上流动的 LNG，使之加热并气化。开架式气化器的内部结构和工作原理分别如图 1.8 和图 1.9 所示。

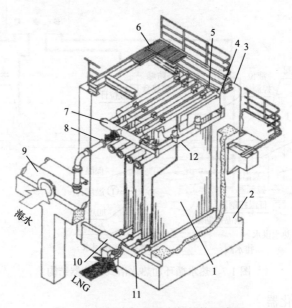

图 1.8　开架式气化器内部结构示意图

1-平板型换热管束；2-水泥基础；3-挡风屏；4-单侧流水槽；5-双侧流水槽；6-平板型换热管悬挂结构；
7-多通道出口；8、12-海水分配器；9-海水进口管；10-隔热材料；11-多通道进口

　　为降低海水对气化器的腐蚀，换热管一般采用防锈铝制造并进行镀锌处理。开架式气化器依靠喷淋的海水在翅片管表面形成的水膜进行强化换热，换热系数很高，可达 5800W/(m²·K)，而且使用海水作为热源，减小了能耗开销，降低了运

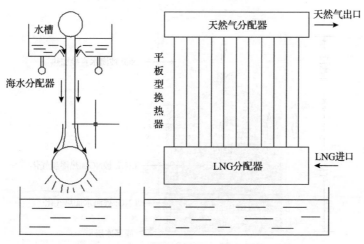

图 1.9　开架式气化器工作原理示意图

行成本。但相比于其他形式的气化器，开架式气化器换热效率较小，且在运行过程中，翅片管下部和分液管表面、集液管表面会结冰，大大降低了换热性能。

在开架式气化器运行过程中，LNG 温度过低（-162℃），会使海水温度急剧下降，因此平板型换热管束下部特别是集液管的外表面更容易结冰。尽管水膜在下降的过程中具有较高的换热系数，但冰的导热系数仅有铝合金导热系数的 1/40，因此也会导致气化器的传热性能大幅下降。为了避免结冰和提高气化器的换热性能，Osaka Gas 和 Kobel Steel 联合开发出了新一代高性能开架式气化器，称为超级开架式气化器（SuperORV）。考虑到传统开架式气化器传热管内侧 LNG 蒸发时的换热系数相对较低，超级开架式气化器对传热管进行了优化设计，对气化段采用双层结构以防止结冰，并采用管内翅片来增加换热面积和改变流道形状，增加流体在流动过程中的扰动，从而达到增强换热的目的。

图 1.10 为超级开架式气化器新型双层结构传热管的工作原理。LNG 从底部分配器进入内管，然后进入内外管之间的环状间隙并直接被海水加热气化，内管内流动的 LNG 通过环状间隙内已气化的天然气进行加热，使气化逐渐进行。环状间隙能够显著提高传热管的外表面温度，从而抑制集液管外表面结冰，因此显著提高了气化器的换热效率。

与传统开架式气化器相比，超级开架式气化器单根换热管的蒸发能力提高了 3 倍左右，海水用量减少了 15%，建造成本减少了 10%，安装所需空间减少了 40%。2007 年，Osaka Gas 首次将超级开架式气化器技术应用于 Senboku LNG 接收终端并取得了成功。近年来，国际上许多已建成和在建的 LNG 接收终端采用了超级开架式气化器作为 LNG 加热气化设备[19]。

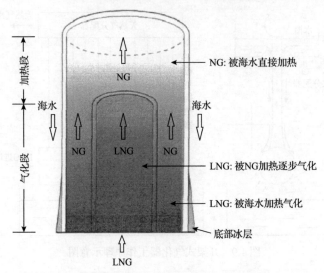

海水

海水

NG: 被海水直接加热

LNG: 被NG加热逐步气化

LNG: 被海水加热气化

底部冰层

图 1.10   超级开架式气化器传热管工作原理示意图

2. 直接加热型气化器

直接加热型气化器的热量来自于电、燃料燃烧等，而它根据热交换的形式又可分为直接加热气化器和间接加热气化器两类。直接加热气化器一般采用热源整体加热法，典型的有浸没燃烧式气化器；间接加热气化器的工作原理是先加热中间冷媒如水或液氨，再通过中间冷媒加热低温液体使之气化，典型的有中间冷媒型气化器。

1) 浸没燃烧式气化器

浸没燃烧式气化器属于高气化量的气化器，通常气化量在 100GJ/h 以上，常用作提供基本负荷。浸没燃烧式气化器是一种利用燃料(如煤油、汽油等)燃烧后产生的热量加热液态气体，从而使液态气体迅速转化为气态气体的一种气化器，其结构如图 1.11 所示。浸没燃烧式气化器具有气化量大、体积小、结构简单等优点，可以在突然启动、关停、快速生产波动变化中维持稳定工作，实现关停后的快速启动以及对变化供应量的快速响应。但浸没燃烧式气化器运行时需要消耗大量能源，运行成本较高，而且长时间运行后排出的烟气使水呈酸性，对换热管和设备造成一定腐蚀，烟气和污水排放还会对环境造成一定污染。

浸没燃烧式气化器的结构主要包括水浴槽、浸没式燃烧器、烟气分布器、溢流板、盘管束、烟囱、鼓风机等[20]。工作时，浸没式燃烧器内燃烧产生的高温烟气通过烟气分布器涌入到水浴中扰动加热水浴并与水形成气液两相流。两相流横掠过水平蛇形盘管束，与此同时，加热盘管束内流动的 LNG 并使其发生气化。框形溢流板将盘管束包围，烟气与水经过热量、质量、动量的传递后在溢流板上方

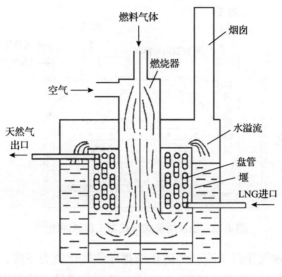

图 1.11　浸没燃烧式气化器结构

分离，水由于重力回落到水槽内形成回流，烟气则由水浴池上部烟囱排出。

浸没燃烧式气化器的热效率在 98%左右，可快速启动，能对负荷的突然变化做出反应，适用于紧急情况或者调峰用气。它的特点是整体投资和安装费用很低，设计紧凑，安装时不需要占用大量的空间，同时由于水箱保持恒定的温度，系统可以很好地适应由负载波动产生的水流变化，而且也能实现系统的快速启动。浸没燃烧式气化器配置有大量的设备部件和移动部件，与开架式气化器相比，其控制、维护保养要困难得多。水温保持在泄漏气体的燃点之下，即使有泄漏的气体也会被水流带走，无爆炸危险，因此浸没燃烧式气化器是安全可靠的[21]。

浸没燃烧式气化器换热管通常采用不锈钢材质，以蛇形管连接置于水浴中。在水浴面下安装一个或多个燃烧器，通过鼓风机将燃烧后的高温烟气直接排入水中，并引起剧烈的搅动，换热管内低温液体与管外湍动的高温水充分换热而气化，传热效率比较高，换热系数最高可达 8000W/(m^2·K)。浸没燃烧式气化器工作原理如图 1.12 所示，其较多利用 LNG 储运过程中自然气化的低压天然气作为燃料，也可采用来自终端的 LNG 作为燃料。换热管束浸泡在池水中，下部与 LNG 总管焊接，上部与天然气总管焊接，LNG 下进上出。气化器工作时，燃料气体和空气按比例混合均匀后进入燃烧器内充分燃烧，产生的高温烟气经分配管上的小孔喷射到池水中，烟气进入池水形成大量气泡，迅速上升加热并剧烈搅动池水，有效地加热管束中的 LNG 使之气化。

2) 中间冷媒型气化器

海水开架式气化器和浸没燃烧式气化器都以水作为传热介质，不可避免地造

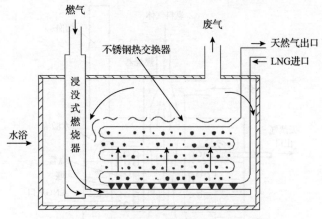

图 1.12　浸没燃烧式气化器工作原理图[22]

成管路结霜，导致气化量下降。为防止结霜导致气化能力下降，中间冷媒型气化器以氨、丙烷或醇(甲醇或乙二醇)水溶液、氟利昂或异丁烷等凝固点较低的介质作为中间传热介质。气化器分为两级：第一级由热源介质和中间冷媒介质进行换热，加热介质可以为海水、热水、空气等；第二级由中间冷媒介质与低温换热管直接接触换热，改善热源介质因与低温换热管直接接触而导致结霜、结冰带来的影响。利用中间冷媒型气化器可以避免结霜或结冰，提高换热效率，但其结构复杂，制造运行成本较高，一般应用在电厂、化工厂及空气分离厂等可利用废热资源的场合，可以提高能源的利用率。

(1)管壳式气化器。

管壳式气化器采用管壳式换热器作为气化器，采用水或甲醇(或乙二醇)水溶液作为中间热媒气化低温液体，采用热水、海水或空气作为初始热源。先用初始热源将中间热媒加热，再用已被加热的中间热媒通过管壳式气化器气化低温液体。中间热媒需用循环泵强制循环，因此耗能较高[22]。

相比于开架式气化器和浸没燃烧式气化器，管壳式气化器在体积和成本上更具竞争力。管壳式气化器中的热量通过闭式循环经由传热介质传导给低温液体，因此主要应用于有合适热源的情况。管壳式气化器的优点是可以选择各种热源，如海水、空气和工业废气，尤其是可以采用丙烷、丁烷或氟利昂等介质作为中间传热流体。新型管壳式气化器多采用海水作为媒介与低温液体管路换热，气化器中的最小海水流量也将受到限制，从而可以避免海水流量过小而导致的结冰现象。管壳式气化器的缺点是存在腐蚀问题，以及低温海水排放和氯残留等问题。

(2)中间流体式气化器。

中间流体式气化器(intermediate flow vaporizer, IFV)的工作原理是以海水或邻近工厂的热水作为热源，并用此热源加热中间介质(丙烷)并使之气化，再用丙烷蒸气气化低温液体。图 1.13(a) 为 LNG 中间流体式气化器，该气化器由中间介质气化器(E1)、LNG 气化器(E2)和 NG 调温器(E3)三段管壳式换热器叠加组成[23]。在 E1 换热器中，管内海水(或其他热源流体)强制对流放热来加热中间传热介质(丙烷)，中间介质(丙烷)在吸热后气化上升到 E2 换热器中。在 E2 换热器中，气化后的中间介质(丙烷)与管内的低温 LNG 进行热交换，LNG 受热气化，中间介质则被冷凝。凝结液依靠重力回流到 E1 换热器中，如此不断的气化凝结，最终达到气液平衡状态，运行过程中无需添加。E3 换热器主要用于天然气的过热，即用管内的高温海水加热从 E2 换热器出来的 LNG 气化后的 NG 气体，使其温度进一步升高，从而达到输出要求，最终从 E3 换热器出口排出。放热后的高温海水进入 E1 换热器，继续加热更低温度的中间介质。中间流体式气化器工作原理如图 1.13(b) 所示。中间流体式气化器解决了海水(或其他热源流体)的冰点问题，在海上浮动储存与气化、循环加热、冷能发电等方面得到了广泛应用[22]。

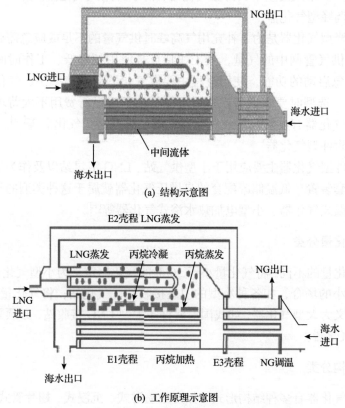

(a) 结构示意图

(b) 工作原理示意图

图 1.13　中间流体式气化器结构和工作原理示意图

3. 回收热源型气化器

回收热源型气化器充分利用电厂、化工厂、空气液化过程中的废热，提高了能源利用率，节约了能源。常见的中间冷媒型气化器等都属于回收热源型气化器。

1.3.2　按使用方式分类

根据使用方式的不同，气化器又可分为基本负荷型气化器、应急调峰型气化器及配套附件型气化器。

1)基本负荷型气化器

基本负荷型气化器主要应用在 LNG 供气站、海运 LNG 接收终端等场合，其特点是使用频率高、气化量大。选型时主要考虑的是设备的运行成本，所以一般使用廉价的低品位热源，如空气、海水和工业废热等，而且其结构简单、运行维护成本较低[13]。常用的基本负荷型气化器有海水开架式气化器。

2)应急调峰型气化器

应急调峰型气化器是为了补充用气高峰时供气量的不足或应急需要，其作用一般是调节供气管网中的气量，其工作特点是使用频率低、工作时间具有随机性，具有紧急启动的功能，使用过程中要求气化器启动速率快、气化速率高，且可控性好。选型时要求设备投资尽可能低，但对运行费用不太苛求。常用的应急调峰型气化器有盘管水浴式气化器、电加热水浴式气化器等[13]。

3)配套附件型气化器

配套附件型气化器主要应用于小型供气站、LNG 卫星站以及作为低温液体储运系统的配套装置，低温储罐配套的自增压气化器就属于这种类型的气化器，常使用的有空温式气化器、小型电加热水浴式气化器等[13]。

1.3.3　按气化量分类

根据气化量的不同，将气化量小于 50t/h 的气化器定义为小型气化器，一般用于气化量较小的场合，如各种小型的卫星接收站、气化站；将气化量大于 50t/h 的气化器定义为大型气化器，如我国沿海许多大型 LNG 接收站，必须采用气化量大的 LNG 气化器。

1.3.4　按结构分类

常见的气化器有多种结构形式，如开架喷淋式、沉浸式、翅片管式、绕管式、管壳式等，几种典型的气化器如表 1.2 所示。

表 1.2　常见气化器类型

序号	名称	备注
1	开架式气化器	大型
2	浸没燃烧式气化器	大型
3	管壳式气化器	大型
4	中间流体式气化器	大型
5	空温式气化器	小型
6	强制通风式气化器	小型
7	热风加热式气化器	小型
8	真空蒸汽式气化器	小型
9	中间媒介空温式气化器	小型
10	热水浴式气化器	小型

1.4　空温式翅片管气化器简介

1.4.1　翅片管换热器概述

一直以来，各工业部门广泛地应用列管式换热器，随着科学技术的发展，特别是各行业的迅速发展，一般的列管式换热器已不能满足上述要求，这就促使人们开始研究高效换热器。其中，翅片管换热器是人们研究得最多的换热器之一。翅片管换热器的结构与一般管壳式换热器基本相同，只是用翅片管代替了光管作为传热面，其传热能力强、结构紧凑，因此可做成紧凑式换热器[24-27]。换热管是组成各种换热器的核心元件，其质量的优劣直接影响换热器的工作性能。翅片管换热器的基本传热元件为翅片管，翅片管由基管和翅片组合而成。基管通常为圆管，也有椭圆管和扁平管。翅片的表面结构有平翅片、间断型翅片、波纹翅片和齿形螺旋翅片。翅片管分为内翅片管和外翅片管两种，其中以外翅片管应用最为普遍。外翅片管一般是用机械加工的方法在光管外表面形成一定高度、一定片距、一定厚度的翅片。按翅片在基管上的分布方式不同，常用的翅片分为横向和纵向两类，其他类型都是这两类翅片的变形，如大螺旋角翅片管接近纵向，而螺纹管接近横向。图 1.14 为工业上广泛应用的几种翅片形式[28]。

翅片管的常见形式有螺旋翅片管、套装翅片管、滚轧式翅片管、板翅式翅片管等，翅片按制造方法不同可分为整体翅片、焊接翅片和机械连接翅片[29]。

1) 螺旋翅片管

螺旋翅片管就是把钢带平面垂直于管子轴线，以螺旋线的形式缠绕在管子外

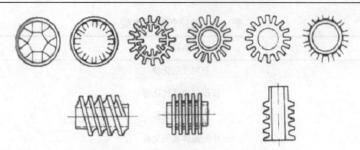

图 1.14 常见的几种翅片形式

表面上。在形成螺旋翅片时，翅片中性线以内的凹面板缘受到压缩，中性线以外的凸面板缘则受到拉伸。当凹面内的拉应力达到材料的强度极限时，厚度较小的钢带会失去稳定，形成褶皱。翅片根部起褶皱会使根部的翅片平面变得凹凸不平。如果把这样的管子做成热交换器，会有许多不足，如凸起部分会增加气流阻力，凹陷部分会积聚污物，给清洗带来不便。

2) 套装翅片管

套装翅片管是预先用冲床加工出一批单个的翅片，然后用人工方法或机械方法按照一定的翅片间距，靠过盈配合将翅片套装在管子外表面。其工艺简单，技术要求不高，设备价格低廉，易于维修。

翅片管对质量的要求主要有：①翅片间距；②翅片高度；③翅片和光管外表面结合的牢固程度，不完全连接的缝越少越好，即热阻要小。一般来讲，螺旋翅片管和套装翅片管对前两点都比较容易保证，但第三点常常出现问题。管子和翅片之间接触不好，热阻大，影响传热。

3) 滚轧式翅片管

滚轧式翅片管是一种高效节能传热翅片管(简称高翅管)。冷挤压翅片管是用厚壁管连续通过多组挤压辊经挤压轧制，在变成薄壁管的过程中，多余金属材料在管子外表面形成翅片的。所轧制翅片的高度一般为 1～15mm，间距一般为 2～3.5mm，厚度一般为 0.2～0.5mm。翅片间距、翅片高度、翅片厚度等可通过调节轧管机工作状态予以控制，轧出的翅片表面光洁、纹理清晰、节距精确。同时这种冷挤压加工方式还可以滚轧复合翅片管。常用的复合翅片管的基管(内套管)采用碳钢、不锈钢、钛材、铜材等材料。外管，即挤压翅片的外套管常用铝管和铜管。滚轧式翅片管的翅片和基管为一整体，不需要进行钎焊，故不存在接触热阻，也不会出现点腐蚀现象，因此能提高和保持稳定的传热性能和延长翅片管的使用年限。

4) 板翅式翅片管

板翅式翅片管换热器的结构形式很多，但其结构单元体基本相同，都是由翅片、隔板、封条和导流片组成的。它是先在金属平板上放一翅片(即二次传热面积)，然后在其上放一块金属板，两边以边缘封条密封而组成一个基本单元，上下两块金属平板称为隔板。板翅式翅片管换热器的芯体由多个基本单元组成。冷热流体在相邻的基本单元体的流道中流动，通过翅片及与翅片连成一体的隔板进行热交换。对各个通道进行不同方式的叠置和排列，钎焊成整体，就可以得到逆流、错流、错逆流板翅式翅片管换热器板束。翅片除承担主要的传热任务外，还起着两隔板之间的加强作用。因此，尽管翅片和隔板材料都很薄，但它们的强度都很高，可以承受较高的压力。板翅式翅片管换热器具有传热效率高、结构紧凑、轻巧而牢固、适应性强、经济性好等优点；缺点是翅片间距较小，易堵塞，且堵塞后不易清洗，使阻力大大增加，如果不对其进行除垢，会影响系统的安全稳定运行。

　　换热器翅片管材料范围很广，应根据换热器的用途和操作条件等进行选择。目前常用的材料有铝、铝合金、铜、黄铜、镍、钛、钢、因康镍合金等，其中以铝和铝合金应用最为广泛。铝具有特殊的化学、物理特性，不仅重量轻，质地坚，而且具有良好的延展性、导电性、导热性、耐热性和耐辐射性，所以在世界各国的紧凑式换热器中获得了最为广泛的应用。由于翅片管应用广、材料和制造方法多样，工业发达国家都已标准化、系列化，并有专门的研究机构和制造厂。

　　翅片管换热器的优点主要如下[30]：

　　(1)传热能力强。翅片管与光管相比，其传热面积可增大 2～10 倍，传热系数可提高 1～2 倍。

　　(2)结构紧凑。翅片管由于单位体积传热面加大，其传热能力增强，同样热负荷下与光管相比，翅片管换热器管子数量少。由于翅片管壳体直径或高度可减小，因此结构紧凑且便于布置。

　　(3)用料范围广。翅片管的材料范围很广，有碳钢、不锈钢、铝、铝合金、铜、钛、因康镍合金等，有时还采用双金属翅片，在节约贵金属的同时又能适应耐腐蚀性和低温工作环境等工艺要求。

　　(4)翅片管的另一个特性是结垢减轻。翅片管不会像光管那样沿圆周或轴向结成均匀的整体垢层，沿翅片和管子表面结成的污垢在胀缩作用下，会在翅根处断裂，促使硬垢自行脱落，这样有利于长时间保持较高的传热性能。

　　(5)对于相变换热，可提高换热系数或临界热流密度。

　　翅片管换热器的主要缺点是翅片管的造价高、流阻大。例如，空冷器的翅片管由于工艺复杂，其造价达设备费用的 30%～60%。

1.4.2　空温式翅片管气化器

　　目前，国内外常用的气化器有空温式与水浴式两大类，以空温式为主。空温式翅片管气化器利用大气环境中自然对流的空气作为热源，通过导热性能良好的铝材挤压成星形翅片管与低温液体进行热交换，并使其气化成一定温度的气体，无需额外动力和能源消耗，因此广泛用于 LNG、液氧、液氮、液氩、液态二氧化碳等气化灌装以及自增压气化器等低温领域[31-35]。其主要优点为零能耗、无污染、绿色环保、安全简便、维护方便、运行成本低、使用条件不受限制，缺点是传热系数小、体积大、重量大、设备费用高。

如图 1.15 所示，空温式翅片管气化器结构非常简单，由换热管按一定的间距串（并）联组合而成，换热管采用导热性能较好的特种铝合金。一般地，空温式低压翅片管气化器是将贮槽中的低温液体气化成低压气体，经调压装置通过管道输送至使用现场。如图 1.16 所示，对于高压气化器，换热管则是由冲压成型的平翅片管和强度较高的不锈钢芯管通过高压胀接而成，为了减小接触热阻，保证换热效率，必须使芯管与翅片管保持紧密接触。一般空温式高压翅片管气化器是将经过低温液体泵增压后的液氧、液氮、液氩等低温液体气化成高压气体充入钢瓶。空温式翅片管气化器相比于电加热水浴式气化器与蒸汽加热水浴式气化器，可节省大量的电或蒸汽，具有免维护、免热源、操作方便等优点。

图 1.15　空温式低压翅片管气化器实物图

图 1.16　空温式高压翅片管气化器实物图

空温式星形翅片管气化器结构如图 1.17 所示。翅片管气化器整体由多列翅片换热管组成，翅片管之间用 180°的 U 型管连接，整个气化器为蛇字形结构。空温式翅片管换热器的进出口都设在换热器底部，入口安装有分液管，出口安装有集气管。翅片管材质一般为导热系数较高的防锈铝，多为 Al-Mn、Al-Mg 系合金，如 3003、3A21、6063、6061 等，带有 6 片、8 片或 12 片翅片，翅片一般采用型模整体冲压成型，还有部分采用焊接成型。高压气化器芯管一般为耐压不锈钢管，翅片管与不锈钢芯管通过胀接连接为过盈配合，以减少接触热阻。

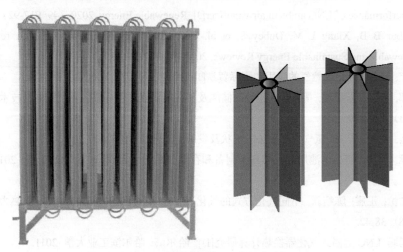

图 1.17　空温式星形翅片管气化器结构示意图

　　空温式翅片管气化器有许多优点，如结构简单、制作及安装成本低、无需额外的动力或能量消耗、无污染、运行时基本无需维护等。但空温式气化器以自然对流的空气为热源，使气化器传热系数相对较小。其体积大，流阻大，工作时易发生振动，气化性能易受环境气候的影响，而且气化冷能直接排放到大气环境中造成一定的能源浪费。此外，翅片管气化器在工作时不可避免地出现结霜，大大降低了传热效率。有数据显示，翅片管气化器在工作时结霜面积可达气化器传热面积的 60%～85%，对气化器的传热影响可达 30%左右[36]。

　　我国目前已经生产出大型的气化器，单台气化器的气化能力也由最初的每小时几十立方米，增长到现在的每小时 1 万 m³ 以上。但目前大多数厂商对空温式气化器仍为简单模仿性生产，在气化器设计过程中采用经验方法计算气化器传热量，基本没有考虑实际的传热传质问题。为保证气化器能在各种环境下正常工作，常将气化器设计得很保守，造成许多材料和生产上的浪费。部分厂商从气化器结构入手对气化器进行了改进，提高了换热效率。例如，有的厂商将多孔的不锈钢带贴于翅片管内壁，在毛细管作用下低温液体不断附着在吸液芯上，然后充分汽化成气泡通过吸液芯上的小孔脱离，并且在换热管内加入螺旋导流带，增加了液体的湍动，将气化性能提高了 1.5～2 倍。此外，还有研究者发现将换热管倾斜 2°～

5°，也可以提高气化器的换热效率。

参 考 文 献

[1] Lisowski F, Lisowski E. Influence of fins number and frosting on heat transfer through longitudinal finned tubes of LNG ambient air vaporizers[J]. Energies, 2022, 15(1): 280.

[2] Liu S S, Jiao W L, Ren L M, et al. Thermal resistance analysis of cryogenic frosting and its effect on performance of LNG ambient air vaporizer[J]. Renewable Energy, 2020, 149: 917-927.

[3] Kanbur B B, Xiang L M, Dubey S, et al. Cold utilization systems of LNG: A review[J]. Renewable and Sustainable Energy Reviews, 2017, 79: 1171-1188.

[4] 贺宇, 杨梅. 液化天然气的应用和国际贸易[J]. 天然气与石油, 2005, 23(2): 1-5.

[5] 沈郁, 姚伟, 方家琨, 等. 液氢超导磁储能及其在能源互联网中的应用[J]. 电网技术, 2016, 40(1): 172-179.

[6] 隋然, 白松, 龚剑. 氢气储存方法的现状及发展[J]. 舰船防化, 2009, 3: 52-56.

[7] 沈承, 宁涛. 燃料电池用氢气燃料的制备和存储技术的研究现状[J]. 能源工程, 2011, (1): 1-7.

[8] 王忙忙, 王震, 陈绍新. 不同气化方式的气化器工艺流程及选型探讨[J]. 煤气与热力, 2012, 32(8): 38-42.

[9] 杨聪聪. LNG 空温式气化器换热计算研究[D]. 哈尔滨: 哈尔滨工业大学, 2011.

[10] 彭明, 丁乙. 全容式 LNG 储罐绝热性能及保冷系统研究[J]. 天然气工业, 2012, 32(3): 94-97.

[11] 吴创明. LNG 气化站工艺设计与运行管理[J]. 煤气与热力, 2006, 26(4): 1-7.

[12] 杨光, 王晓东, 余祖强. LNG 调峰站加压气化工艺的研究[J]. 煤气与热力, 2008, 28(3): 17-20.

[13] 常智新. 空温式翅片管气化器传热特性研究及数值模拟[D]. 兰州: 兰州理工大学, 2011.

[14] 时国华, 余丹, 蒋可, 等. 强制对流空浴式深冷翅片管气化特性研究[J]. 低温与超导, 2020, 48(12): 13-18.

[15] 王明富. 强制通风液化天然气汽化器的研制[J]. 深冷技术, 2008, (6): 23-26.

[16] 陈国栋, 王欣, 陆志刚, 等. 水浴式汽化器结构的改进与优化[J]. 化工装备技术, 2012, 33(5): 25-27.

[17] 顾燕新. 循环水水浴式气化器的传热设计计算[C]. 2011 年气体分离设备及液体贮运与输送技术交流会, 九江, 2011: 67-73.

[18] 付子航, 宋坤, 单彤文. 空气热源式气化技术在大型 LNG 接收终端的应用[J]. 天然气工业, 2012, 32(8): 100-104.

[19] 杨帆. 开架式气化器新型传热管强化传热机理研究[D]. 西安: 西安石油大学, 2015.

[20] 韩冬艳. 浸没燃烧式气化器的传热结构设计[D]. 大连: 大连理工大学, 2016.

[21] 王彦, 冷绪林, 简朝明, 等. LNG 接收站气化器的选择[J]. 油气储运, 2008, 27(3): 47-49.

[22] 梅鹏程, 邓春锋, 邓欣. LNG 气化器的分类及选型设计[J]. 化学工程与装备, 2016, (5): 65-70.

[23] 刘家琛, 巨永林, 傅允准. 三种 LNG 海水气化器的换热计算模型及方法[J]. 低温与超导, 2014, 42(12): 56-61.

[24] 朱聘冠. 换热器原理及计算[M]. 北京: 清华大学出版社, 1987.

[25] Li H D, Kottke V. Visualization and determination of local heat transfer coefficients in shell-and-tube heat exchangers for staggered tube arrangement by mass transfer measurements[J]. Experimental Thermal and Fluid Science, 1998, 17(3): 210-216.

[26] Murray D B, McMahon B, Hanley D. Local heat transfer coefficients in a finned tubularheat exchanger using liquid crystal thermography[J]. International Journal of Heat Exchangers, 2000, (1): 31-48.

[27] Ay H, Jang J Y, Yeh J N. Local heat transfer measurements of plate finned-tube heat exchangers by infrared thermography[J]. International Journal of Heat and Mass Transfer, 2002, 45(20): 4069-4078.

[28] 史美中, 王中铮. 热交换器远离与设计[M]. 南京: 东南大学出版社, 2005.

[29] 朱冬生, 李晓欣. 翅片管换热器技术进展[C]. 全国化工过程装备技术发展研讨会, 上海, 2003: 28-33.

[30] 昌琨. 低温翅片管换热器的设计计算研究[D]. 兰州: 兰州理工大学, 2006.

[31] 陈叔平. 低温贮罐自增压汽化器的设计计算[J]. 深冷技术, 1996, (4): 19-22.

[32] 来进琳. 空温式翅片管气化器在低温工况下的传热研究[D]. 兰州: 兰州理工大学, 2009.

[33] 汪荣顺, 徐芳, 顾安忠, 等. 低温容器稳压供气研究[J]. 中国造船, 2001, 42(4): 66-72.

[34] 昌锟, 陈叔平, 刘振全, 等. 基于遗传算法的自增压汽化器优化设计[J]. 石油机械, 2006, 34(4): 20-22.

[35] 吴远宽. 低温液体供气系统[J]. 低温工程, 1993, (2): 46-49.

[36] 沈雄飞, 谭海涛. 液氧汽化器肋片结霜、结冰对理论换热面积的影响及解决方案[J]. 深冷技术, 2003, (5): 40-42.

第 2 章 空温式翅片管气化器表面结霜传热传质分析

2.1 气化器结霜概述

结霜现象广泛存在于制冷、低温液体储运、气体液化以及航空航天等工程领域。当湿空气遇到温度低于露点温度的冷表面时，湿空气中的水蒸气就会在冷表面上凝结，如果进一步降低冷表面温度至凝固点以下，就会发生结霜现象；若湿空气遇到温度低于水蒸气凝固点的冷表面，水蒸气也可以在冷表面上直接凝华结霜。实际上，结霜过程通常是先出现冷表面上水蒸气的凝结，再进行液滴凝固和霜晶体的生长过程，它是发生在工程和生活中极其普遍的现象。我国北方城市冬季气温较低，受环境气候的影响，空温式翅片管气化器在低温工况下工作时，管内低温液体吸收管壁的热量使气化器表面温度降低，当湿空气流经翅片管冷表面时，气化器不可避免地会出现结霜的现象。气化器表面结霜以后，霜层堵塞空气流道，不但会增加翅片管气化器空气侧换热热阻，降低气化器的换热效率，导致气化器的气化能力降低，使整个系统运行工况恶化，严重的情况下还需要停机除霜，迫使装置交替运行，增加设备成本。此外，对于在冬季运行的风冷热泵，其制冷量也会因蒸发器上的结霜而大大减少。可见，结霜会对与其相关的系统和装置的工作性能产生显著的影响，结霜对翅片管气化器换热性能的影响不能忽略。

2.1.1 霜生长及物性研究现状

结霜是一个涉及传热传质、特殊多孔介质移动边界的非稳态相变过程，霜的生长会受到冷表面温度、空气温度、湿度、空气流速等因素的影响，使得在霜生长的过程中，霜增长率、霜表面温度、霜厚度、密度、导热系数等物性参数随时间不断变化。国内外学者曾投入大量的时间与精力对结霜问题进行了研究。这些研究大体上可以分为两类：一类是利用简单的几何表面，如一块竖直或水平的平板翅片或者一个圆管表面；另一类是利用一个真实的换热器几何实体，然后对霜层生长及物性参数的变化规律、结霜过程的传热传质、结霜对换热器换热性能的影响以及换热器除霜等方面进行研究。

关于霜生长及物性参数的研究，国外学者起初主要针对简单的几何表面，如水平平板、圆管和竖直平板等，实验研究霜层生长规律及结霜的影响因素，将扩散方程应用于预测霜层密度、导热系数等物性参数的变化规律，并通过实验测定不同环境参数条件下的结霜量，建立大量霜层特性的经验、半经验关系式，进而计算结霜过程中的传热量[1-6]。后来，许多学者将霜层看成多孔介质，开始从霜层生长机理出发研究平板或圆管冷表面湿空气的传热传质和霜层增长，并通过实验数据来验证其数学模型。Jones 等[7]提出进入霜层的水蒸气一部分用于增加霜层厚度，另一部分用于增加霜层密度，基于结霜过程中霜层密度均匀分布的假定，提出预测霜层生长特性的通用模型。Hayashi 等[8]利用显微摄影方法对霜层形成过程进行了实验研究，结果发现霜层由初始阶段的树枝状冰柱缓慢在枝端分支后，进入霜层生长准稳态时期，指出霜层生长可分为霜晶生长期、霜层生长期、霜层充分生长期三个不同阶段。此外，Hayashi 等[8]还提出霜由冰柱和冰-空气混合物两部分组成，在此基础上建立了霜层结构的导热模型，并与实验数据进行了对比。Dietenberger[9]提出霜层的总体结构为冰柱、冰球、冰层、空气泡四种结构的随机混合，认为霜层综合导热系数为其混合模型计算的空气-冰有效导热系数和水蒸气有效导热系数之和，该模型考虑了冷壁面温度对成霜的影响，较 Hayashi 等的模型具有更大的适用范围。Padki 等[10]考虑霜层表面发生融化-再结霜现象引起的霜层结构变化，以时间和位置为自变量计算了霜层厚度、对流换热系数、传质系数及换热量等参数。Tao 等[11]在 Hayashi 等研究的基础上，考虑霜层内部密度和温度在空间上的分布及随时间的变化，将多孔介质控制容积平均法应用到结霜模型中，提高了结霜模型的精确性。Gall 等[12]修正了 Tao 等模型中的边界条件及霜层内水蒸气的渗透系数，重点研究了分压力梯度推动作用下水蒸气在霜层内的有效扩散系数，并得到了霜层内部密度、温度、导热系数的分布情况。Mao 等[13]建立了平板上霜层动态生长特性的数学模型。Na 等[14]通过霜层生长的理论分析及实验，证明了冷表面上空气为过饱和状态时霜层才能生长，而且饱和度取决于与水滴接触角有关的表面能。随后，Na 等[15]利用边界层分析法建立了一个简化方程以计算霜层表面上的过饱和度，并用实验进行了验证，在此基础上，还提出了新的预测霜沉积及生长率的过饱和模型。Mago 等[16]提出计算温湿图中低温区过饱和湿空气物性的方法，建立了过饱和结霜条件下叉流式圆柱面及平板上热量和质量传递的半经验模型。Lee 等[17]在霜表面上水蒸气为过饱和状态的基础上，得到控制霜层密度变化和霜层厚度生长的两个参数。也有学者根据传热传质基本理论和相关的经验公式建立结霜数学模型，通过数值模拟的方法来研究霜的物性参数。Sherif 等[18]用半经验动态模型模拟强迫对流中平板表面结霜过程。Raju 等[19]应用霜层导热系数和密度经验关系式，采用有限差分法求解动量方程、能量方程、边界层控制方程及连续性方程，计算了传递参数。Ismail 等[20]对流场、温度场、湿度场进行了数值求解，得到了传热传质系数。Lee 等[21]在移动边界上用边界条件耦合两套控制方程，同时求解湿空气和霜层两个子区域。Yang 等[22]对霜层物性使用经验关系式，数值求解了霜层生长平板上的湿空气层流流动方程。

国内很多学者也开展了霜层生长及霜层物性的研究工作。刘惠枝等[23]评述了当时国内外相关结霜模型存在的问题，重点研究了霜层密度、厚度、导热系数的变化规律。随后，查世彤等[24]、童钧耕等[25]、顾祥红等[26]较早研究结霜问题的学者，通过对翅片管换热器进行实验研究，分析了霜层生长的主要影响因素，并对霜层进行了变密度分析，建立了预测霜层生长过程的数学模型，提出了霜层密度及导热系数的计算模型。姚杨等[27]考虑结霜密度和厚度随时间的变化，根据理想气体状态方程和 Clapeyron-Clausius 方程推导出了用于霜密度变化的结霜量变化率计算公式。刘志强等[28]把霜层当成一种具有移动边界的多孔介质，将结霜过程简化为一维的伴随相变的热质传递过程；在此基础上，对结霜速率、霜层密度及换热量等参数的变化规律进行了研究。蔡亮等[29]认为霜层由霜柱和多孔两部分组成，利用逾渗理论对霜层导热系数进行了研究，以临界孔隙率为分界线，分别推导了不同孔隙率下的霜层导热系数。王芬芬等[30]假设空气和霜层之间为过饱和空气，考虑霜层密度变化和霜层阻力引起空气流量减小等因素，针对平肋翅片管式换热器的结霜过程建立了数学模型。吴晓敏等[31]利用显微摄像实验观测水平铝表面上结霜初期过程，分析了空气流速、含湿量和冷表面温度等对结霜的影响，并对竖直和水平放置的裸铝表面及疏水表面结霜微细观过程进行了实验研究，探讨了表面湿润性及冷面方位等对结霜的影响[32]。廖云虎等[33]在改进霜层表面的过饱和模型的基础上，建立了翅片管换热器结霜过饱和模型，计算出了结霜量、能量传递系数、霜层密度和厚度随时间变化的参数，并与实验数据进行了对比。王军等[34]通过求解结霜过程的一维准稳态数学模型，讨论了湿空气流速、相对湿度及冷表面温度变化对结霜过程的影响。梁展鹏等[35]通过显微摄像的手段研究霜层表面冰晶形态演化，指出霜层表面存在复杂的温度和蒸汽浓度分布，局部出现负值的过饱和度是产生这种反常升华现象的主要原因。Li 等[36]对自然对流条件下施加 20kHz 频率的超声波和未施加超声波两种作用机制下平板表面的结霜现象进行了微观可视化研究，对比分析得到以下结论：冷表面霜层在施加超声波作用后仅有少量生长，超声波对平板表面霜层的生长具有显著的抑制作用。随后，李栋等[37]实验研究了超声波对平板表面结霜初始阶段冻结水珠的形态、分布以及水珠冻结后表面霜晶生长的影响。

2.1.2　结霜对气化器换热性能的影响

成霜后会对换热器的传热效率造成比较大的影响，所以国内外的学者对翅片管换热器在结霜工况下的换热性能进行了大量的实验和理论研究。有关结霜对翅片管换热效果的影响研究最先在制冷空调行业受到重视。Stoecker[38]实验研究了强迫对流翅片管换热器表面的结霜问题，指出随着霜的生长，翅片管空气侧平均换热系数先增大后减小，而空气侧压降始终呈上升趋势。Gatchilov 等[39]通过研究不同翅片间距空冷器的结霜发现，换热系数主要受空气相对湿度的影响。Kondepudi

等[40]以对数平均焓差为基础,通过改变翅片间距、空气湿度及流速发现,提高空气湿度、增大空气速度和增加翅片数量,均能提高换热器的能量换热系数及增大穿过盘管的压降。Rite 等[41]在假定壁面温度不变或换热器管内换热条件不变的情况下,实验研究了空气流速对换热器表面结霜的影响,指出空气流量越大,表面结霜越严重,换热器换热效果越差。Seker 等[42]建立了翅片管换热器结霜过程中传热传质特性的半经验数值分析模型,在准稳态假设下计算了空气侧动态传热传质系数、空气-霜界面温度、换热器表面效率及换热器表面结霜量。Yang 等[43]为了研究翅片管换热器表面的结霜量及结霜工况下的换热特性,将结霜看成准稳态过程,把翅片管换热器简化为换热管和翅片的组合,使用翅片管换热系数和霜层中水蒸气扩散系数的经验关系式分别对其传热进行模拟,并取得了较好的结果。赖建波等[44]应用 Kondepudi 等[40]建立的预测翅片管换热器在结霜工况下传热特性的数学模型,进行了翅片管换热器表面结霜特性的数值分析及实验研究。张兴群等[45]在实验基础上建立了强制对流下翅片管换热器的结霜模型,对结霜工况下换热器的热力性能进行了数值研究。谷波等[46]利用组分传输与动态网格模型模拟蒸发器表面霜层生长的相变传热传质过程,建立结霜工况下翅片管蒸发器三维动态传热传质的简化模型,并计算了蒸发器表面霜层温度、空气压降以及出口处的含湿量。赵鹏等[47]实验研究了竖直星形翅片管的霜层生长规律及结霜对翅片管传热性能的影响,指出霜层的生长会降低翅片管的传热性能,从而降低翅片管的出口气体温度。周丽敏等[48]建立了竖直星形翅片管表面的非稳态结霜及传热传质模型,计算结果表明,霜层厚度的增加降低了翅片管整体传热效率,并拉长了管内过冷区和饱和区的长度。

由国内外研究可知,关于霜生长及物性参数的研究,学者大多由实验得到霜层生长及物性参数的变化规律,并通过大量简化建立结霜数学模型。冷表面结霜是一个随时间变化的、伴随着气固相变、涉及传热传质和特殊多孔介质移动边界的非稳态过程,以往研究中为了分析霜层生长特性及结霜对气化器换热性能的影响,提出的基于多种假设的结霜模型,势必造成计算结果与实验结果存在一定的偏差,不能真实地反映接近实际工况下霜层物性参数的变化规律。因此,有必要建立准确、高效的冷表面霜层生长模型,将结霜对气化器换热的影响进行更精确的定量分析。

2.1.3　分形理论在多孔介质研究中的应用现状

"分形"这个名词是由美国 Mandelbrot 在 1975 年首次提出的,其原意是不规则的、分数的、支离破碎的物体。1977 年,Mandelbrot 出版了第一本著作 *Fractal: Form, Chance and Dimension*(《分形:形态、偶然性和维数》),标志着分形理论的正式诞生。1982 年,随着他另一著名专著 *The Fractal Geometry of Nature*(《自然界的分形几何学》)的问世,分形理论初步形成。一般可将分形看成大小碎片聚集的状态,是没有特征长度的图形、构造以及现象的总称,分形能够反映自然界存在的大量非线性现象,以及很多复杂的、表面上不规则的几何形状的客观规律,因此引起了各国科学家的重视,逐步形成了分形几何理论体系。分形的应用几乎涉及自然科学的各个领域,甚至涉及社会科学,而且还具有把现代科学各个领域连接起来的作用。随着许多学科的迅速发展,分形已发展成为一门描述自然界中许多不规则事物的规律性的学科。

　　分形几何学是为描述具有自相似性的不规则形体而提出的。分形,是指在形态和结构上存在着自相似的几何对象。若用数学表达式表示,则有

$$N(\delta) \propto \delta^d \tag{2.1}$$

式中,$N(\delta)$ 为分形物体的空间占有积(线、面或体积);δ 为测量的线性尺度;d 为分形维数。若 $N(\delta)$ 为分形长度,则 $0<d<1$;若 $N(\delta)$ 为分形面积,则 $1<d<2$;若 $N(\delta)$ 为分形体积,则 $2<d<3$。分形维数可以是整数,也可以是非整数,它是定量描述具有分形特征对象的重要参数,是描述分形物体不规则程度的主要指标。分形维数不同,物体的复杂程度或其动态演化过程也就不同。此外,空间维数值域的不同也是分形几何学与传统欧氏几何学最大的差别所在,欧氏几何学认为空间的维数为整数,如零维的点、一维的直线、二维的平面、三维的球或立方体、四维的时空等,其描述的图形层次有限且图形边界都是规则的。但自然界中客观存在的大量物体的形状和结构,如蜿蜒曲折的海岸线、变幻无穷的布朗运动轨迹、树枝干的分叉结构、土壤、多孔材料等,它们在图形上的完全不规则性和层次无限性使它们的整体与局部都不能用传统的几何语言来描述,其内部发生的过程更不能用简单的线性方法来近似认识和描述,分形几何学正是突破了传统欧氏几何学中拓扑集维数为整数的界限,认为分形物体的空间维数也可以是分数。

　　分形可分为两类:一类称为规则分形,它是按一定的数学法则生成的,如 Koch 曲线、Sierpinski 地毯等,具有几何对称性和严格的自相似性;另一类是不规则分形,如土壤、海岸线、多孔介质等,不具备几何对称性,其自相似性并不严格,只是在大范围内统计意义下的自相似性。通常将属于统计意义下的自相似性称为局域分形,自然界中的分形都是局域分形。可见,严格意义上的分形结构实际上是一种理想模型,它是自然界中很多复杂物体的一种抽象。自然界中的真实物体更接近随机分形,在某一标度范围内具有自相似性,称为统计自相似性。例如,多孔介质的自相似性就只在一定尺度范围内才有效。

　　如果某种结构或过程的特征从不同的空间尺度或时间尺度来看都是相似的,就称系统具有自相似性,或者将自相似性看成一个系统从局部到整体在各个方向上的等比例变换。由于分形对象或系统的自相似性,当变化测量分形的尺子标度

时，看到的都是相同或相似的图像，若系统或对象具有自相似性，则它必定满足标度不变性或者说它没有确定尺度。自相似性和标度不变性是分形对象或系统所具有的两个重要性质。一个系统或对象具有标度不变性，是指在分形上任选一局部区域对其进行放大，得到的放大图会显示出原图的形态特性。换句话说，如果用放大镜来观察一个分形，无论放大多少倍，都能看到里面还有与整体相似的局部结构，单由观察到的图像根本无法判断所用放大镜的倍数。所以对于分形，无论对其放大或者缩小，其形态、复杂程度和不规则性等各种特性均不会发生变化[49]，改变的也只是其外部的表现形式，这也正体现了分形所具有的极多层次的精细结构。分形维数作为表征自相似系统或对象定量性质的参数，不会因为放大或缩小等操作而变化，是分形很好的不变量，能够很好地把握分形标度变换下的不变性。

分形是直接从非线性复杂系统本身入手，从未经简化和抽象的研究对象本身去认识其内在的规律性，这是分形理论和线性处理方法的本质区别。分形物体内的物理过程，如物质的扩散、热量的传递等，都可能与标度不变性、几何不对称性等特点相关联。因此，分形理论为描述物体内部复杂结构和空间分布提供了一种新的行之有效的手段，为精确研究复杂结构内部发生的各种物理化学过程开辟了一条新路。

近年来，在多孔介质传热传质研究中，很多学者运用分形理论进行了多孔介质分形特征的描述及分析研究[50-52]。陈永平等[53]将分形理论引入多孔介质有效导热系数和渗透率的研究中，并取得了一定的成果。刘松玉等[54]对土壤孔隙分布进行了分形特征的研究，表明多孔介质从统计意义上来讲可以认为是一种分形结构。郁伯铭[55]综述了采用分形理论和方法研究多孔介质输运性质分析解的理论、方法和所取得的进展，并指出采用分形理论和方法有可能解决有关多孔介质输运性质的若干问题。张新铭等[56]在实验获取新型多孔材料的基础上，建立了基于分形理论的材料结构和导热模型，采用热阻法给出了石墨泡沫材料的等效导热系数关系式。杨金玲等[57]采用激光衍射法和吸管法实测了 60 个富铁土的土样颗粒粒径分布数据，并分别计算和对比了颗粒的质量分形维数和体积分形维数。许志等[58]采用分形方法确定了碳泡沫的泡孔结构的分形维数，结合泡孔热阻单元，分析了石墨化碳泡沫的导热特性，推导了碳泡沫的方向导热模型。李大勇等[59]提出以分形维数为基础，可以根据孔隙渗透率贡献判断孔隙结构的非均质性和复杂程度。这些研究为分形理论在多孔介质中的应用奠定了坚实的基础。

与传统的多孔介质相比，霜的结构特点更加难以描述，但霜层内部作为一种由冰晶体和空气组成的多孔介质，在一定范围内也应具有分形特征。于是，很多学者开始借助分形理论来研究霜层生长规律。Hao 等[60]指出在结霜临界状态时，冰粒的大小及其在冷表面上的分布具有分形特征。Hou 等[61]利用显微摄像的方法对实验获得的霜层生长初期冰晶体进行了图像处理，将分形理论引入结霜的研究中，证明充分生长的霜层在一定尺度范围内有分形特征。蔡亮等[62]应用有限扩散凝聚(diffusion limited aggregation, DLA)模型在模拟得到具有分形生长特征的霜晶体结构基础上，通过对节点列能量平衡方程，得到了霜层的导热系数。随后，蔡亮等[63]又依据霜层结构具有典型的分形特征，建立了基于分形理论的水蒸气在霜层中的扩散模型，并求解了水蒸气在霜层中的有效扩散系数。吴晓敏等[64]应用分形理论中的 DLA 模型，建立了霜层初期生长过程模型，数值模拟分析了空气流速、冷表面不均匀性、表面接触角等对霜层生长过程的影响。刘耀民等以分形理论的 DLA 模型为基础对霜晶生长进行数值模拟，并与霜晶生长实验图像进行对比，论证了方法的可行性[65]；随后，他们又在相变动力学基础上成功模拟了结霜初始阶段水蒸气在冷表面上凝结、液滴生长及冻结过程[66]。雷洪等[67]以 DLA 模型为基础建立了疏水冷表面霜晶的二维生长模型，深入研究了霜层的动态生长过程。

可见，自 1981 年 Witten 和 Sander 提出有限扩散凝聚的分形生长模型(简称 DLA 模型)以来，学者应用 DLA 模型数值研究霜层生长的物理过程[60-67]，无须对霜层内传热传质建模，使模型更接近于真实霜晶体生长的物理过程，取得了积极有效的结果。然而，这些研究大多针对普冷工况下的冷表面结霜，对于运行在深冷工况下的翅片管气化器等低温贮运设备，其冷表面的温度已经远远超过了上述结霜冷表面的温度，对于这种深冷表面的结霜分形特性还有待进一步研究。

此外，关于结霜工况下翅片管换热器传热性能的研究还有很多，这些研究多集中在制冷系统中的换热器装置，针对深冷工况下空温式翅片管气化器结霜传热特性的研究还不是很多，国内只有少数学者对该问题进行了研究[47,48]。作者多年来一直从事深冷液体贮运设备、翅片管自增压器、气化器等产品的设计及技术研究工作，自 20 世纪 90 年代就开始了对深冷翅片管气化器传热计算的研究，并实验研究发现，在不考虑环境风速的影响下，翅片管气化器表面结霜量主要与空气温度、相对湿度、冷表面温度以及流体在管内的形态等因素有关[68]；通过对空温式深冷翅片管气化器表面结霜特性的实验研究，拟合出翅片管表面结霜厚度及分布区域随时间而变化的关系式[69]，对空温式翅片管气化器空气侧自然对流换热进行了数值模拟[70]，并基于 Fluent 多相流混合物模型，通过用户自定义程序实现了液氮相变模拟，研究了翅片管内流体进出口焓差、含气率及单位质量气化体积随进口流速的变化规律[71]，对空温式翅片管气化器表面结霜、管内低温流动、传热过程等方面都有比较清晰的认识。空温式气化器与上述制冷系统中翅片管换热器最大的区别就在于其表面温度要低得多，对于深冷工况下气化器表面霜层生长规律及结霜对气化器传热性能的影响，还有待进一步研究和探讨。

综上所述，关于翅片管气化器结霜传热特性已做不少研究，但对深冷工况下空温式翅片管气化器表面霜层的分形特性及其结霜对翅片管气化器换热性能的影响研究还较少。鉴于此，利用分形理论的 DLA 模型，结合简单平面霜层生长实验建立霜层生长模型，对深冷表面霜层生长进行分形特性研究，从分形维数的角度解释霜层生长特点；在此基础上建立霜层密度、导热系数等物性参数的计算模型，进一步研究深冷工况下结霜对翅片管气化器换热性能的影响，是一项非常有价值的、对实际工程应用具有指导性的重要工作。

2.2　霜生长机理

翅片管表面结霜是一个伴随气固相变的自发过程，霜晶体的生长过程实际上是霜晶体-湿空气界面向湿空气推移的过程，这个过程之所以会自发地进行，是因为在气相生长系统中，作为流体相的过饱和蒸汽为亚稳相，其吉布斯自由能较高，使相变过程朝着吉布斯自由能降低的方向进行，即亚稳相向稳定相转变。因此，有必要研究晶体成核过程，从晶体生长相变动力学角度分析霜层生长机理，为掌握霜层生长规律奠定基础。

2.2.1　霜晶体成核的驱动力分析

现假设霜晶体-空气的界面面积为 A，垂直于界面的位移为 Δx，界面上单位面积的驱动力为 f，在亚稳相的水蒸气转变为稳定相晶体的过程中，系统吉布斯自由能的降低量为 $-\Delta G$，因此上述过程中驱动力所做的功等于系统的吉布斯自由能的降低量，即

$$fA\Delta x = -\Delta G \tag{2.2}$$

若相变过程中生长的晶体体积表示为

$$\Delta V = A\Delta x \tag{2.3}$$

则生长驱动力为

$$f = -\frac{\Delta G}{\Delta V} \tag{2.4}$$

由式 (2.4) 可以看出，生长驱动力在数值上等于生长单位体积的晶体所引起的系统的吉布斯自由能的降低量[72]。假设单位体积中的分子数为 N，单个分子由亚稳态流体转变为稳态晶体而引起系统吉布斯自由能的降低量为 Δg，单个分子的体积为 v，则有

$$V = Nv \tag{2.5}$$

$$\Delta G = N\Delta g \tag{2.6}$$

将式(2.5)和式(2.6)代入式(2.4)，可得

$$f = -\frac{\Delta g}{v} \tag{2.7}$$

式(2.7)为单个分子由亚稳态流体转变为稳态晶体所需的生长驱动力，负号表明亚稳相的水蒸气转变为稳定相晶体，即晶体界面向流体位移过程中引起的系统自由能的降低量，Δg 和 f 仅相差一个常数，因此 Δg 也可称为相变驱动力。若流体为亚稳相，$\Delta g < 0$，则 $f > 0$，表明 f 指向流体，故 f 为生长驱动力，表现为晶体的不断生长；若晶体为亚稳相，$\Delta g > 0$，则 $f < 0$，表明 f 指向晶体，故 f 为溶解驱动力，表现为晶体的熔化、升华。

　　湿空气遇到温度低于水蒸气凝固点的冷表面时，就会自发地发生伴有气固相变的结霜现象。由热力学原理可知，在纯质或单组分系统中，纯组分的摩尔吉布斯自由能等于该组分的化学势，因此可以通过纯组分化学势的变化来度量相变过程中吉布斯自由能的降低量。通常湿空气中水蒸气分压力不高，可将水蒸气视为理想气体，任意状态 (p, T) 下理想气体的化学势为

$$G_{\mathrm{m}} = \mu(p, T) = \mu^0(T) + RT \ln p \tag{2.8}$$

式中，$\mu^0(T)$ 为处于标准态的理想气体的化学势。

　　设 p_{vs} 为温度 T 对应的饱和蒸气压，若在 (p_{vs}, T) 状态下两相处于平衡态，则晶体和蒸汽的化学势相等，由式(2.8)可得晶体的化学势为

$$\mu(p_{\mathrm{vs}}, T) = \mu^0(T) + RT \ln p_{\mathrm{vs}} \tag{2.9}$$

假设在温度 T 不变的情况下，水蒸气蒸气压由 p_{vs} 增加到 p_{v}，则由式(2.8)可得在 (p_{v}, T) 状态下蒸汽相的化学势为

$$\mu(p_{\mathrm{v}}, T) = \mu^0(T) + RT \ln p_{\mathrm{v}} \tag{2.10}$$

式(2.9)和式(2.10)相减为

$$\Delta \mu = -RT \ln \frac{p_{\mathrm{v}}}{p_{\mathrm{vs}}} \tag{2.11}$$

　　设 N_0 为阿伏伽德罗常数，有 $\Delta \mu = N_0 \Delta g$，$R = N_0 k$，代入式(2.11)可得单个水蒸气分子由蒸汽状态转变为晶体状态时所引起的吉布斯自由能的降低量为

$$\Delta g = -kT \ln \frac{p_{\mathrm{v}}}{p_{\mathrm{vs}}} \tag{2.12}$$

式中，k 为玻尔兹曼常数，J/K。

由式 (2.7) 可知，水蒸气由蒸汽状态转变为液态或者固态时，其吉布斯自由能降低，$\Delta G<0$，而相变驱动力必须大于 0。由式 (2.12) 可知，只有当空气的水蒸气分压大于对应温度下的饱和蒸气压，即 $p_v>p_{vs}$ 时，ΔG 才小于 0，才有可能发生相变，即水蒸气必须为过饱和状态，且相变的吉布斯自由能降低得越多，相变的驱动力就越大。

由晶体生长动力学可知，亚稳相中新相的形成只能从系统中某个小区域开始，借助热力学起伏在某局部区域出现，换句话说，新相只能通过成核才能出现，结晶过程只能是成核生长过程。对于晶核的形成问题，只有当系统中晶体的半径大于某临界半径时晶体才能存在，才能自发地长大，这种具有临界半径的晶体称为晶核。任何半径小于临界半径的晶体都不能存在，且在亚稳系统中晶体的产生都是由小变大的，这就给亚稳相转变为晶体设置了障碍，而这种障碍正是来自界面能。这也是水蒸气即使已经处于饱和状态，也不一定会使霜晶成核的原因。事实上，亚稳相中一旦出现了晶体，也就出现了相界面，因此系统中的界面能会增加。所以，亚稳态和稳定态间的能量位垒来自界面能。

2.2.2　成核的临界半径

如前所述，亚稳流体相中的单个原子或分子转变为稳定相（晶体）中的原子或分子，所引起的吉布斯自由能的降低量为 Δg。假设晶体中的单个原子或分子体积为 v，晶体和流体的界面能为 σ，则在亚稳流体相中形成以半径为 r 的球状晶体所引起的吉布斯自由能的改变量为

$$\Delta G(r) = \frac{\frac{4}{3}\pi r^3}{v}\Delta g + 4\pi r^2 \sigma \tag{2.13}$$

通常将式 (2.13) 中的第一项称为体自由能项，第二项称为面自由能项。现进行如下分析：若流体相为亚稳相，$\Delta g<0$，则由式 (2.13) 可以看出，体自由能项随着 r 的增大而减小，而面自由能项随着 r 的增大而增大。开始时面自由能项占优势，当 r 增大到一临界尺寸 r^* 后，体自由能的减小将占优势[72]，因此 $\Delta G(r)$ 将出现一个极大值。当 $r<r^*$ 时，随着晶体长大，ΔG 增大，随着晶体缩小，ΔG 减小；当 $r>r^*$ 时，随着晶体长大，ΔG 减小。因此，由式 (2.13) 对 $\Delta G(r)$ 求极值并令它等于零，可得临界半径 r^* 为

$$r^* = \frac{-2\sigma v}{\Delta g} \tag{2.14}$$

将式 (2.12) 代入式 (2.14)，得

$$r^* = \frac{2\sigma v}{kT \ln \dfrac{p_v}{p_{vs}}} \tag{2.15}$$

将式(2.14)代入式(2.13)，得晶核的形成能，也称为临界吉布斯自由能：

$$\Delta G(r) = \frac{16\pi\sigma^3 v^2}{3\Delta g^2} = \frac{16\pi\sigma^3 v^2}{3\left[-kT\ln(p_v/p_{vs})\right]^2} \tag{2.16}$$

由式(2.16)可以看出，晶核需要克服的吉布斯能障是其界面能的 1/3。所以，对于处在过饱和状态的水蒸气，即对于给定 $\Delta g<0$ 的水蒸气，当其接触冷表面时，要想结晶成核必定存在着一个临界半径 r^* 和临界吉布斯自由能 $\Delta G(r)$，任何半径小于 r^* 的晶体必将进一步缩小而消失，任何半径大于 r^* 的晶体必将自发地长大，只有当晶体半径达到临界半径时，晶体才能存在，此时晶体界面能为零，冷表面上的霜晶开始结晶成核。因此，半径为 r^* 的晶核与相应 $\Delta g<0$ 的亚稳流体是相互平衡的。但这种平衡是不稳定平衡，由式(2.13)可以看出，当 $r=r^*$ 时，$\Delta G(r)$ 为极大值，r 关于 r^* 的任何无限小的偏离都将使 $\Delta G(r)$ 减小，也就是说，只有当 $r=r^*$ 时晶核才能存在，如果晶核吸附了一个原子或脱附了一个原子，晶核都会自动地长大或缩小。

由对霜晶成核临界驱动力以及成核临界半径的分析可知，湿空气中水蒸气与一个温度低于凝固点的冷表面相接触时，在冷表面附近湿空气中水蒸气达到临界过饱和度后，才开始大量聚集成霜晶胚团，冷冻形成有效的霜晶晶核，之后将直接由气态凝华为固态初始霜层，接着这个霜层将依次冷却它附近的湿空气，使凝华过程继续，霜层不断增厚。Hayashi 等[8]曾将霜层生长分为霜晶生长期、霜层成型期、霜层充分生长期三个阶段。综上所述，霜层生长过程可表示为图 2.1。

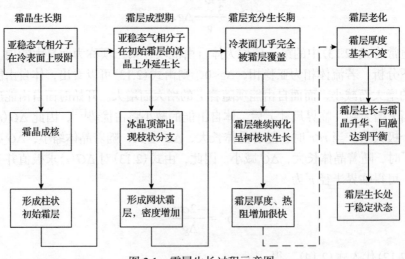

图 2.1　霜层生长过程示意图

2.3　结霜分形特性

结霜是伴随着气固相变、涉及传热传质，由冰晶体骨架和空气组成的随机无序多孔介质移动边界的非稳态过程。霜层作为一种特殊的骨架性多孔介质，其固体冰晶骨架的边界会随着时间的推移而变化，相应地，随时间推移的空气-霜层界面存在的温度边界层、质量边界层也在随时变化，这无疑给结霜过程中传热传质的研究带来了很大的困难。已有研究大多采用的是连续介质模型，通过大量的简化假设，给出霜层内及霜层表面的能量、质量平衡方程，进而求解传热传质，这种方法由于没有考虑霜层中孔隙及骨架的分布情况，在实际应用中具有一定的局限性。

近年来，随着分形理论在多孔介质研究中的广泛应用，有学者对霜层这种特殊的多孔介质进行了分形研究的尝试[60-65]，并在实验中发现冰晶体在许多情况下都呈现出树枝状结构，而这种结构可以用自仿射分形很好地描述。由此推测，霜层作为一种特殊多孔介质，在一定范围内具有分形特征。

2.3.1　霜晶体分形特征的判定准则及分形维数

分形一词是 Mandelbort 为描述具有自相似性的自然碎片或不规则结构而提出的。在自然界中，确实也存在许多不规则且很难用传统方法进行描述的物体，如闪电、地貌、河流、植物根须等，但这些物体并不是毫无规律地、杂乱地拼凑在一起的。事实上，它们的形态和结构具有一定的自相似性，在一定的尺度范围内可将其视为分形物体。一般来说，某一几何对象或集合称为分形，应该具有以下典型性质[73]：

(1)具有精细结构，即在任意小的尺度内包含整体。

(2)是不规则的，以至于无法用传统的几何语言来描述。

(3)通常具有某种自相似性，或许是近似的，或许是统计意义上的。

(4)通常几何对象或集合的分形维数应大于其拓扑维数。

(5)几何对象或集合的定义通常是非常简单的，或许是递归的。

分形结构实际上是一种理想结构，是自然界很多客观复杂物体的抽象。自然界中的真实物体更接近于在某一个尺度范围内具有分形特征。因此，提出新的判定自然界真实物体是否具有分形特征的判别标准，显得尤为重要。

1. 霜层具有分形特征的判定准则

对于判断多孔介质是否具有分形特征，进而能否用分形理论和方法研究多孔介质，郁伯铭[55]曾提出了判定分形物体的三个判定准则。

(1)对于分形物体，计量得到的量度 $N(\lambda)$ 与所采用的不同测量尺度 λ 应满足如下指数关系式：

$$N(\lambda) \propto \lambda^{-d_{\mathrm{f}}} \tag{2.17}$$

式中，d_{f} 为分形维数；λ 为测量的尺度；$N(\lambda)$ 为使用该尺度对分形物体度量时所得的值，它可以是一个物体的质量、体积、面积或曲线的长度。在双对数坐标平面图上，$\ln N(\lambda)$ 与 $\ln\lambda$ 应该具有线性关系。

(2)分形物体还应该满足以下关系式：

$$\left(\frac{\lambda_{\min}}{\lambda_{\max}}\right)^{d_{\mathrm{f}}} = 0 \tag{2.18}$$

式中，$\lambda_{\min}$ 和 $\lambda_{\max}$ 分别为测量尺度的最小值和最大值。由分形定义可知，被度量的分形物体应该具有无限细微的结构，并在任意尺度内都包含整体。

(3)此外，多孔介质能否用分形理论和方法处理，还要考察该多孔介质的孔隙大小等结构参数的分布是否在某个尺度范围内存在标度不变性等。在 n 维空间内，应该有 $n-1<d_{\mathrm{f}}<n$，即当物体具有分形特征且分形维数为 d_{f} 时，意味着若采用 $n-1$ 维尺度对其度量，则测量值为无穷大；若采用 n 维尺度对其度量，则测量值为 0。

霜层作为一种复杂的多孔介质，其结构很难用欧氏几何定量的描述。分形理论在类似霜层、土壤等多孔介质的研究中得到了很好的应用。在实际应用中，式(2.18)一般不能严格满足，所以当 $(\lambda_{\min}/\lambda_{\max})^{d_{\mathrm{f}}}$ 近似为 0 时，认为霜层可以采用分形理论和方法来研究，通常多孔介质的 $(\lambda_{\min}/\lambda_{\max})^{d_{\mathrm{f}}}$，近似满足式(2.18)，所以多孔介质可以用分形理论和方法来处理。此外，在实际应用中，由于观察手段的限制，只能在一个有限的尺度范围内度量霜晶体，度量采用的最小尺度 $\lambda_{\min}$ 为一个像素的大小，最大尺度 $\lambda_{\max}$ 为所获取图像宽度及高度的最小值。本实验中获取的图像是二维结霜图像，即 $n=2$，故所求得的 d_{f} 应该满足 $1<d_{\mathrm{f}}<2$。因此，后续只需对结霜二值图像采用一定的方法进行测量，判断对霜晶体的计量结果是否满足指数关系式(2.17)，从而对霜层进行分形分析。

2. 分形维数的求解

分形维数作为一个定量参数可以起到对分形结构的描述作用。由于自然界中分形的多样性，分形维数的描述也有多种形式，一般有相似维数、Hausdorff（豪斯多夫）维数、盒维数、容量维数和关联维数等，不同的维数定义对应不同分形对象维数的测定，适用的场合也不同。严格测量分形物体应该采用 Hausdorff 测度，但在实际测量时这种方法存在很大的困难，通常只用来测度经典的分形集。盒维数又称计盒维数，是通过相同形状的"盒子"覆盖分形对象来确定的，其数学计算及经验估计相对容易，在实际计算中应用较多。

设 F 是 $\mathbf{R}^n$ 上任意非空的有界子集，$N_\lambda(F)$ 是直径最大为 λ、可以覆盖 F 的集的最少个数，则 F 的下计盒维数、上计盒维数分别定义为

$$\underline{\mathrm{Dim}_B}F = \varliminf_{\lambda \to 0} \frac{\ln N_\lambda(F)}{-\ln \lambda} \tag{2.19}$$

$$\overline{\mathrm{Dim}_B}F = \varlimsup_{\lambda \to 0} \frac{\ln N_\lambda(F)}{-\ln \lambda} \tag{2.20}$$

若这两个值相等，则这共同的值称为 F 的计盒维数，记为

$$\mathrm{Dim}_B F = \lim_{\lambda \to 0} \frac{\ln N_\lambda(F)}{-\ln \lambda} \tag{2.21}$$

计盒维数这个形式的定义在实际中有广泛的应用。例如，为计算一个平面集 F 的计盒维数，可以先构造一些边长为 λ 的正方形或称为"盒子"，然后计算不同 λ 值的"盒子"和 F 相交的个数 $N_\lambda(F)$，函数 $\ln N_\lambda(F)$ 相对于 $-\ln \lambda$ 的斜率即为计盒维数。在实际应用中，计盒维数通常定义为

$$d_\mathrm{f} = \lim_{\delta \to 0} \frac{\ln N(\delta)}{-\ln \delta} \tag{2.22}$$

式中，d_f 为计盒维数；$N(\delta)$ 为盒子数目；δ 为盒子的特征长度。

综上所述，为了对气化器翅片管深冷表面上的结霜现象进行分形特性分析，需要先根据前面所述的三个判定准则判断霜层是否具有分形特征。基于盒维数的计算原理，可先将原始结霜图像转换为二值图像，其中白色为冰晶体，黑色为孔隙。对于一个具体的结霜二值图像，在用 $k \times k$ 个像素点的矩阵对图像进行盒子覆盖时，可直接将 k 值作为盒子的特征长度，然后按一定规则改变 k 值，采用不同的测量尺度对霜层进行度量，即可得到不同测量尺度下的盒子数目。根据式 (2.22)，最后在双对数坐标平面内，以最小二乘法拟合所得直线的斜率即为计盒维数。

2.3.2　霜层生长实验图像采集

由于结霜是具有移动边界的、伴随着气固相变的传热传质过程，在霜生长过程中，存在着很多不确定因素，各学者提出的各种霜层生长模型之间也存在着较大的差别。因此，实验研究霜层生长规律仍然是目前分析结霜过程的重要手段。通过搭建霜层生长实验台，利用设计的竖直平板结霜实验台，实验研究自然对流

条件下结霜前期深冷表面上霜层生长规律及其传热特性，同时对霜层生长形态进行实验观测并进行分形分析，为后续章节霜层物性参数模型的建立及其霜层生长数值模拟的验证提供可靠的实验数据。

1. 实验系统设计

整个实验系统共由四部分组成：①供液系统；②竖直平板结霜表面；③图像采集系统；④数据采集系统，如图 2.2 所示。低温容器的设计压力为 1.6MPa，设计温度为–196℃，由铝板焊接而成，在其表面包裹一定厚度的聚氨酯泡沫保温层，然后在一侧伸出 120mm×100mm×100mm 的凸台，用来制作简单的竖直平板结霜表面，伸出的凸台中不结霜的部分包覆聚氨酯泡沫保温材料作为隔热层，只在竖直方向留有 120mm×100mm 的竖直平板，作为霜层生长的冷表面。低温容器的顶部设置有加注口和放空阀，液氮从容积为 20L 的液氮瓶流出，然后途经真空绝热管通过加注口进入低温容器，随着竖直平板与室内湿空气间的自然对流换热，湿空气在竖直平板表面上遇冷结霜，而低温容器内的液氮吸收热量气化，受热气化的气体从放空阀自动排出。在整个实验过程中用来结霜的竖直平板冷表面始终接触容器内的低温液体，以保持结霜冷表面温度的基本恒定。真空绝热管用来减少液氮进入低温容器之前的冷量损失。

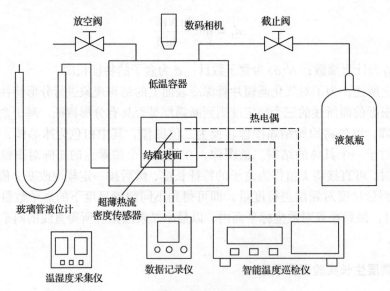

图 2.2　实验系统示意图

对于图像和数据采集系统，本实验采用精度为 0.5 级，温度量程为–20～125℃，湿度量程为 0%～100%的 DPH 系列大气温度/湿度计测量室内工况。为了测量流入低温容器内的热流密度和竖直平板结霜表面的温度，在竖直平板表面布置一块型号为 HS-30，量程为-180～200℃，内置有 T 型热电偶的超薄热流密度传感器，通过 DaqPRO 5300 数据记录仪测量流入低温容器的热流密度以及竖直平板结霜表面的温度。低温容器底部采用公称直径为 6mm 的软管连接 U 型玻璃管液位计，测量低温容器内液氮气化过程中的高度。为了动态测量结霜过程中从竖直平板冷表面到湿空气区域内霜层内部温度分布及湿空气流动变化规律，在竖直平板表面及其附近按一定规律布置热电偶阵，如图 2.3 所示。其中，热电偶经过标定，材质为 TT-T-30-SLE 铜-康铜，精度为±0.1℃，量程为-200～260℃，实验中通过 XSL/A-16LS1 智能温度巡检仪采集热电偶电势。此外，竖直平板表面上的非稳态结霜过程由 Canon A3300 IS 数码相机记录，每隔一定时间拍摄霜层生长图像，利用数字图像处理技术获得清晰的冷表面霜层生长剖面结构，为后期研究奠定实验基础。随着时间的推移，竖直平板上的霜层在垂直平板方向不断增厚的同时也在向下逐渐推移，为了较准确地测量霜层生长的厚度，实验过程中选择在竖直平板结霜表面自上而下 10mm 距离处，用刻度尺测量霜层厚度随时间的变化规律。

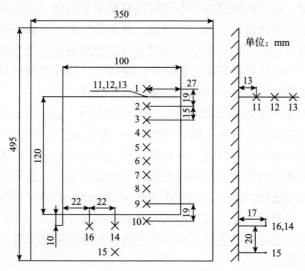

图 2.3　热电偶分布示意图(单位：mm)

2. 实验方法

每次实验前先用丙酮清洗竖直铝平板，保证结霜表面洁净无油以增加换热效率，再按照图 2.2 连接实验装置。实验开始时需要对装置进行预冷，打开截止阀和放空阀，利用液氮瓶的自增压系统，将液氮通过加注口充入低温容器内，使 U 型玻璃管液位差达到 300mm，待装置压力和冷表面温度稳定后，关闭截止阀，开始实验并利用热流密度数据记录仪、温度巡检仪和图像采集系统进行数据记录。考虑到实验开始时温度和霜层厚度变化比较大，而后期有比较稳定的特征，拟采取分段采集数据的方式进行采集，即霜层厚度从装置运行开始计时到 30min 每隔 2min 记录 1 次，在 30min 以后每隔 5min 记录 1 次；温度从装置运行开始计时到 15min，数据记录时间间隔为 1min，从第 15min 到第 45min 数据记录时间间隔为 2min，之后每隔 5min 记录 1 次。热流密度数据采集时间为每分钟记录 1 次；结霜图像采集时间为先每隔 2min 拍摄 1 次，共拍摄 15 次，再每隔 5min 拍摄 1 次。

　　整个实验装置应放置在恒温恒湿环境中进行自然对流条件下的结霜实验，每隔 30min 记录一次室温及相对湿度，实验期间维持环境参数相对恒定：环境温度 $T_\infty = (16\pm2)\ ℃$，湿度 $RH = (55\pm2)\ \%$。

3. 实验图像处理

　　结霜实验中通过数码相机拍摄得到的霜层图像亮度的分布有一定的范围，其中亮度较大的是霜晶，较小的是背景。一般采用计盒法计算的数字图像通常是二值图像。因此，为能够对深冷环境条件下的霜晶体结构进行分形分析并建立霜层结构的导热模型，对于实验获取的不同时期霜层生长图像，需要采用数字图像处理技术对结霜原始图像进行去噪、二值化、增强等处理，将霜晶体与背景明显区分出来，这是由于实验过程中采集图像时不可避免地会受到外界噪声的影响，是否能有效地将其去除将直接影响分析结果的精确性。图像处理的目的是去除图像中的噪声，增强图像的质量，将图像转换成容易处理的形式。

　　增强图像质量、降低图像噪声的方法通常有两种，它们的工作原理都是利用噪声和有用信号在频域上分布不同而进行的。一般有用信号主要分布在低频区域，而噪声信号主要分布在高频区域，在高频区域同时还分布着图像的细节。传统的低通滤波方法在滤除高频成分的同时也损坏了图像的细节。近年来出现的小波变换是一种既可以降低噪声又可以保持图像细节的方法，弥补了传统低通滤波方法的不足。因此，本节将采用小波变换的方法去除图像中的噪声，将原始结霜图像转换为二值图像。通过对二值结霜图像的分析，判断霜层是否具有分形特征。

1) 小波变换简介

　　传统的降噪方法是先将混合信号进行傅里叶变换，去除高频成分(噪声)，保留低频成分(有用信号)，再做逆变换恢复原始信号，这样虽能去除噪声，但同时也丢失了有用信号中的高频信息，产生高频失真。因此，经典傅里叶变换作为变换域图像处理的基石，虽是一种有效的降噪处理手段，但只适用于稳态信号的分析处理，在处理非平稳信号和暂态信号时，由于不能给出时间信息，傅里叶变换会忽略暂态信息，成为限制其应用的一个因素。随后引入的短时傅里叶变换，由于其窗口宽度是恒定值，不能根据信号局部特征调整窗口宽度，也未能得到广泛应用。后来发展的小波变换采用改变时间-频率窗口形状的方法，对信号中的低频成分采用宽的时间窗，从而在低频部分获得较高的频率分辨率和较低的时间分辨率；对信号中的高频成分采用窄的时间窗，从而在高频部分获得较高的时间分辨率和较低的频率分辨率。小波变换克服了傅里叶变换中时域的瞬间变化在频域不能反映出来的缺陷，解决了时间分辨率和频率分辨率的矛盾，在去除高频噪声的同时保留了信号的高频成分，成为优越于经典傅里叶变换和短时傅里叶变换的更有效的降噪方法，是傅里叶变换的继承和发展。小波变换在时域和频域都具有很好的局部化性质，这种自适应性使小波变换在工程技术和信号分析、图像处理、计算机分类与识别、医学成像与诊断等多方面得到广泛的应用。

傅里叶变换的基础是正弦波，它是振幅不变、随时间无限振动的光滑波形，而小波是一个衰减的波形，它在有限的区域内存在(不为零)，且其均值为零。小波是尖锐且无规则的波形，是小波变换的基础，因此用小波能更好地刻画信号的局部特性。

设函数 $\psi(t) \in L^2(R)$，满足下列条件：

$$\int_R \psi(t)\mathrm{d}t = 0 \tag{2.23}$$

称 $\psi(t)$ 为基本小波。引入伸缩因子 a 和平移因子 b，将基本小波进行伸缩和平移，得到下列函数族：

$$\psi_{a,b}(t) = |a|^{-1/2} \psi\left(\frac{t-b}{a}\right) a, \quad b \in R \text{ 且 } a \neq 0 \tag{2.24}$$

称 $\psi_{a,b}(t)$ 为分析小波，即由基本小波平移、缩放构成的小波信号。由式(2.24)可以看出，小波变换的实质是将 $L^2(R)$ 空间的任意函数表示为 $\psi_{a,b}(t)$ 不同伸缩和平移因子上的投影叠加，因此要想得到不同时频宽度的小波来匹配原始信号的不同位置，可以通过改变 a 和 b 的值来实现。由于小波变换能将一维时域函数映射到二维的"时间-尺度"域，区别于一般的傅里叶变换，其函数的展开具有多分辨率的特性。

2) 小波变换在图像处理中的应用

小波变换自 20 世纪 80 年代后期创立以来得到了广泛的应用。小波变换在图像处理中的应用主要包括图像压缩、图像增强、图像去噪等方面。

(1) 图像压缩。

对于图像，为进行快速或实时传输及大量存储，需要对图像数据进行压缩。一个图像的噪声信号主要分布在高频区域，有用信号主要分布在低频区域，即低频区域包含图像最主要的信息。一个图像做二维小波变换后，可得到一系列不同分辨率的子图像，不同分辨率的子图像对应不同的频率，因此图像最简单的压缩方法就是利用小波分解去除图像的高频部分而只保留低频部分[74]，从而达到压缩图像的目的。将小波变换应用于信号与图像压缩，除了压缩后能保持信号与图像的特征基本不变外，还具有压缩比高、压缩速度快、传递过程中抗干扰能力强等特点。

(2)图像增强。

小波变换可将一幅图像分解为大小、位置和方向都不同的分量，通常在做逆变换之前可以改变小波变换域中某些参数的大小，从而根据需要选择性地放大感兴趣的部分而缩小不重要的部分[73]。图像的轮廓主要体现在低频部分，而细节部分主要体现在高频部分，因此基于小波变换原理，可以对图像小波分解后的低频分解系数进行增强处理，对高频分解系数进行衰减处理，即可达到图像增强的效果。

(3)图像去噪。

图像在采集、转换和传输过程中由于受到各种成像设备和外界环境噪声的干扰及影响，图像的质量变差，给准确获得图像信息带来困难。利用小波分析可以有效实现图像去噪，主要步骤如下：

①二维图像的小波变换。选择一个小波函数和小波分解的层次 N，然后对图像进行 N 层小波的分解。

②小波分解高频系数的阈值量化。选择一个阈值，对 $1 \sim N$ 层每一层高频系数进行软阈值量化处理。阈值的选取及对阈值的量化是小波分析实现图像去噪最关键的一步，在一定程度上关系到图像的去噪质量。

③二维小波的逆变换。根据小波分解的第 N 层低频系数和经过量化处理后的 $1 \sim N$ 层的高频系数，进行二维图像的小波逆变换[75]。

经过小波变换后，高斯噪声的分布仍然是均匀地分布在频率尺度空间的各个部分，而有用信号由于带限性其小波变换系数仅集中在频率尺度空间的有限部分。鉴于此，可将小波系数分为两类：第一类小波系数幅值小，数目多，由噪声变换后得到；第二类小波系数幅值大，数目少，由信号变换而来，并包含噪声变换的结果。根据这个特点，通常可以设置一个合理的阈值，大于这个阈值的系数可以认为是噪声变换而得到的系数，将其舍弃，即通过小波系数幅值上的差异来降低噪声。通过这种方法，可以有效地降低噪声，并且较好地保留图像细节。

近年来，随着小波变换的不断发展，基于 MATLAB 的小波分析以其强大的小波工具箱实现了对图像的增强、去噪、压缩等处理，成为各种图像变换的基础，在各个领域中应用越来越广泛。在 MATLAB 中基于图像界面方式进行小波分析的过程如下：

①启动二维离散小波分析图形工具。在小波工具箱主菜单中选择"Wavelet2-D"，出现二维离散小波分析图形工具界面窗口[76]。

②调入用于分析的图像数据文件。单击 File 菜单下的 Load image，选择需要

在 MATLAB 中处理的图像文件。

③设置参数，分析图像。在相应的图像分析界面上适当选择基本小波的类型、阶数及分解层数，然后单击 Analyze 按钮，进行图像的相关处理操作。

MATLAB 中的小波变换去噪采用自动确定阈值的方法。利用 MATLAB 中的小波变换除了可以实现图像去噪处理以外，还可以进行数字图像压缩、图像增强和图像融合等图像处理工作。事实证明，应用小波变换技术进行数字图像处理效果较为理想。因此，基于 MATLAB 的小波变换成为目前一种实用的、有效的图像处理工具。

对图像进行压缩、增强、去噪之后，还需要对图像进行二值化处理。实验获取的图像一般是 RGB 图像，实际上就是以一个 $P_h \times P_v \times 3$ 矩阵的形式存储的图形图像，其中 P_h、P_v 分别代表图像的水平分辨率和垂直分辨率。为了便于处理，需要将图像转换为 $P_h \times P_v$ 矩阵，且该矩阵只有 0 和 1 两个值，由此可以将原始结霜图像转换为一个二值结霜图像。这种图像的灰度只有两个值，矩阵的每一个元素都是一个像素点，若某个像素点的值为 1，则为冰晶体，若某个像素点的值为 0，则为孔隙。

霜层是由冰晶体及空气组成的多孔介质，因此经去除噪声、二值化等一系列图像处理后的结霜图像仍由冰晶体区域及空气区域组成，并且可以分辨出冰晶体和孔隙。在此基础上，可以获取冰晶体的结构信息，进而根据分形理论的判定准则判断霜层结构是否具有分形特征，是否可以用分形理论来研究。图 2.4 给出了利用小波变换处理结霜图像的过程。

(a) 原始图像

(b) 去噪后的图像

(c) 二值图像

图 2.4　图像处理过程示例

4. 霜层生长图像的采集

图 2.5 为实验拍摄的深冷表面上不同时刻的霜层生长图像。图 2.5(a) 和 (b) 为初始阶段霜晶体在深冷表面开始成核结霜的过程；随着时间的推移，初始霜晶不断生长，霜晶体的结构呈树枝状，并在已有的霜晶上不断有新的树枝状晶体出现，

如图 2.5(c)～(e)所示，从图中也可以看到，越接近深冷表面的地方，相应的成核生长概率越大，成核凝聚的概率越高，霜层呈现出紧密的生长状态。图 2.5(f)和(g)是霜层充分生长约 1h 所拍摄的图像，可以看出，此时呈树枝状的霜晶在一定尺度范围内具有明显的自相似性，而且随着霜层的生长，霜表面温度逐渐升高，凝华在霜层表面上的水分子数逐渐减少，水蒸气在凝华过程中放出热量使霜层表面霜晶融化渗入到霜层内部，霜层结构变得致密，密度增加，而霜层厚度没有明显变化，如图 2.5(g)所示。

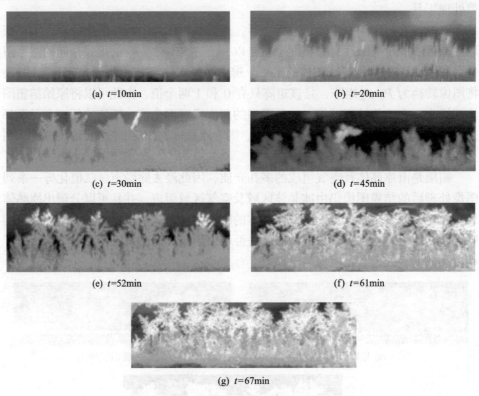

(a) $t=10$min

(b) $t=20$min

(c) $t=30$min

(d) $t=45$min

(e) $t=52$min

(f) $t=61$min

(g) $t=67$min

图 2.5　深冷表面结霜实验图像

2.3.3　霜层具有分形特征的判断

通过实验采集深冷表面霜层生长剖面图像，采用图像处理技术，根据是否具有分形特征的判定准则，研究实际霜层在通常尺度下的结构特性，判断它是否具有自相似性，是否可以采用分形理论来描述。若霜晶体在空间的分布具有分形特征，则求解分形维数，并分析分形维数的变化规律。在测量分形物体的分形维数时通常有 5 类方法，即改变观察尺度法求分形维数，以及根据测度关系、相关函数、分布函数或者频谱求分形维数。其中应用最广泛的是一种改变观察尺度法求分形维数的计盒法。如前所述，计盒法采用构造不同尺度正方形网格的方法来求解霜晶体的维数。其中，最大的网格边长为图像的高度，随后依次将网格边长缩小并进行测量，直至无法再缩小。采用图像处理技术对图 2.5 所示的霜层生长实验图像进行处理，并应用计盒法进行分析。

　　图 2.6 是对实验中部分图像分析的结果。图中，横坐标为测量尺度的对数值，纵坐标为使用某种测量尺度得到的测量值的对数，若测量值与测量尺度满足 2.3.1 节中提出的三个判定准则，则认为霜层此时具有分形特征。因此，应用 2.3.1 节提出的关于判断多孔介质是否具有分形特征的三个判定准则，对霜层进行如下分析：

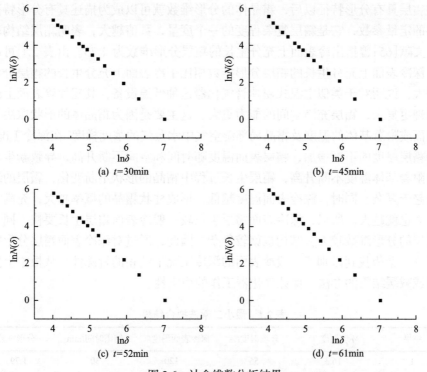

(a) $t=30\text{min}$ 　　　　　　　　　　(b) $t=45\text{min}$

(c) $t=52\text{min}$ 　　　　　　　　　　(d) $t=61\text{min}$

图 2.6　计盒维数分析结果

　　(1) 由图 2.6 可以看出，采用计盒法对霜晶体进行测量，测量得到的量度 $N(\delta)$ 与所采用的不同测量尺度 δ 满足式 (2.17) 所示的指数关系，在双对数坐标系中，$\ln N(\delta)$ 与 $\ln\delta$ 具有线性关系，满足判定准则 (1)。

　　(2) 由分形定义可知，被度量的分形物体应该具有无限细微的结构，并在任意小尺度内都包含整体。由于观察手段的限制，只能在一个有限的尺度范围内度量霜晶体，本节度量采用的最小尺度 $\delta_{\min}$ 为 56 个像素，最大尺度 $\delta_{\max}$ 为所获取图像宽度以及高度的最小值。由最大、最小测量尺度计算可知，$(\delta_{\min}/\delta_{\max})^{d_f}$ 的范围为

0.0025～0.0046，即$\left(\delta_{\min}/\delta_{\max}\right)^{d_{\mathrm{f}}}$，满足判定准则(2)。

(3)本实验中获取的是二维结霜图像，即$n=2$，故所求得的d_{f}应该满足$1<d_{\mathrm{f}}<2$。计算表明，分形维数d_{f}满足上述关系式，满足判定准则(3)。

综上所述可以判定，在霜层生长前期，经过充分树枝状生长的霜层在一定尺度范围内具有自相似性，可以采用分形理论和方法来研究。

2.3.4　分形维数变化规律及其分析

根据上述分析结果，采用最小二乘法直线拟合得到的结果如表 2.1 所示。在确定霜层具有分形特征以后，霜晶体的分形维数就可以成为描述具有分形特征的霜层的定量参数，它是霜层复杂程度的一个度量，数值越大，表明霜层结构越复杂。文献[65]曾指出冷表面上充分生长的霜层分形维数为 1.73。由表 2.1 可以看出，深冷表面上充分生长的霜层分形维数相比于冷表面上充分生长的霜层分形维数要大，说明对于类似空温式翅片管气化器这种低温设备，其翅片管表面上的结霜机理更复杂，霜层充满空间的能力更大。这主要是因为霜晶体的形状取决于深冷表面或附着基体的温度及霜晶局部湿空气中水蒸气的浓度梯度。在深冷工况下，随着霜层厚度的不断增加，霜层表面温度随时间和空间不断升高，导致新生长霜晶的附着基体温度不断升高，霜层生长过程中霜晶的形状不断变化，霜层的结构更加趋于复杂。同时，深冷表面温度越低，形成柱状霜晶的概率越大，充满空间的能力也就越大。所以，深冷表面霜层生长较一般冷表面霜层生长要快，同一时刻霜层的分形维数较大，结构也就较复杂。因此，通过对深冷表面霜层分形特征的研究，希望找到区别于一般冷表面的深冷工况下结霜的特殊性，从根本上探寻抑制或减缓结霜的办法，保证气化器工作的稳定性。

表 2.1　最小二乘法拟合结果

结果	环境温度/℃	环境湿度/%	深冷表面温度/℃	结霜时间/min	分形维数
1	16.3	55	−120	30	1.793
2	16.3	55	−120	45	1.815
3	16.3	55	−120	52	1.913
4	16.3	55	−120	61	1.986

综上所述，在结霜前期，树枝状的霜层具有分形特征，在一定尺度范围内具有自相似性，能够用分形方法来研究。类似客观自然界中许多其他事物，霜层也具有自相似的"层次"结构，并没有混乱到无法描述的程度，在一定尺度范围内，将霜层这种多孔介质某个局部缩小或放大后都与整体相同，是统计意义上的局域分形，验证了将霜层当成均匀多孔介质的不合理性。

2.4　霜层生长模型及数值模拟

由于霜层生长过程影响因素的复杂性，目前很难建立一个精确的结霜数学模型。自 1981 年 Witten 和 Sander 提出了 DLA 模型以来，很多学者开始借助分形理论对分形结构进行研究，并取得了较大的进展。随后，有学者开始借助分形理论来研究霜层生长规律，将霜层的生长过程看成微小颗粒的聚集生长过程，采用随机生长模拟方法对霜层生长过程进行模拟。这些研究大多是针对一般冷表面霜层生长及其模拟，对于运行在深冷工况下的气化器等低温贮运设备，其深冷表面上的结霜分形特性还有待进一步研究。

因此，本节结合实际霜层生长规律，建立基于 DLA 模型的霜层生长二维模型，对不同时刻深冷表面霜层生长过程进行数值模拟；通过从分形维数和霜层密度两个方面对比分析实验结果和模拟结果，验证数值模拟的合理性，并根据实验结果对霜层生长模型进行修正，使之更符合实际结霜工况。

2.4.1　DLA 模型简介

1981 年，美国埃克森公司的 Witten 和 Sander 提出了著名的 DLA 模型，他们试图用 DLA 模型来解释观察到的烟尘微粒的分形聚集现象。由 DLA 模型产生分形结构的规则极其简单：先在平面的中心处放一个粒子，然后在该粒子的周围随机均匀地一次一个释放游走粒子，并使其做无规则运动，当游走粒子碰到中心粒子时即被粘住，永远地黏附在其上；再释放下一个游走粒子，也是随机行走，当它靠近中心粒子或第一个粒子时，也被粘住，即被凝聚在生长着的凝聚体之上。如此反复，就可以获得一个大的凝聚体，该凝聚体的结构具有有限扩散条件下生成物的特征，即树枝状的标度不变的复杂结构。

随后产生的 DLA 直线模型更是对模拟自然界中植物的生长有良好的作用，DLA 模型逐渐成为分形理论中最为人们所重视的生长模型之一。按照 DLA 模型，可以产生经过复杂非线性动力学演化过程而形成的具有标度不变性和自相似性的分形结构，从而建立分形理论和实际观察之间的桥梁，在一定程度上揭示实际体系中分形生长的机理。DLA 直线模型的具体算法与步骤如下：

（1）划分网格，构造 $a \times b$ 网格矩阵。

（2）在绘图区的底部画一条直线 L，代表植物生长表面。

（3）在直线 L 上方，距直线 d 处设置一条虚拟直线 L'，用于产生随机粒子，随机粒子可向左、下、右三个方向游走。

（4）判断该游走粒子每一步左、下、右邻居中是否含有粒子，如果有，则被粘住，如果没有，则继续游走。当随机粒子游走到直线 L 左右两侧范围之外时，此粒子消失,同时在 L' 上产生新的随机游走粒子,并继续按步骤(3)的方式向下游走;当游走粒子被粘到某处时,虚拟直线 L' 的位置将被调整,以保持 L' 到最新粘贴粒子的距离为 d,然后在 L' 上产生一新粒子,并使新粒子继续按步骤(3)的方式向下游走。

(5)完成相应循环次数,程序运行结束。

2.4.2　霜层生长模型

1. 霜层生长模型的建立

冷表面的结霜虽是一种复杂的相变过程,但在霜生长过程中,随着霜在枝晶上的不断累积生长,初始霜晶不断长出分枝晶,霜的结构呈现出自相似特性,即具有分形生长的特征。根据上述 DLA 直线模型的算法建立霜层生长模型,首先需要构造网格矩阵,建立一个霜层生长的空间。鉴于实验中所拍摄到的结霜前期结霜图像的宽度和高度基本上为275×75像素,且霜层高度都没有超过80像素,为了便于将模拟结果与实验结果进行对比,建立一个 280×80 的矩阵为粒子的附着范围,随机粒子可在此矩阵空间内运动,并将粒子用数值1表示,背景则用数值0表示。

根据运动粒子与聚集体之间的距离为一定值时,运动粒子停止运动并黏附在聚集体上,成为不动粒子,即粒子进行凝聚的近邻条件,一般可分为最近邻、次近邻、第三近邻三种类型,如图 2.7 所示,当粒子满足给定的近邻条件时,粒子与粒子之间就会凝聚。此外,改变粒子运动方向的概率,即粒子在左、下、右三个方向上以不同的概率运动,也会产生不同的凝聚效应。实验观测到湿空气接触冷表面后,水蒸气直接凝华生成的初始霜晶呈柱状,沿垂直壁面方向生长;随着时间的推移在已有的霜晶上端开始出现分叉,整个霜晶由初始的柱状变为呈树枝状向上及两侧生长,即霜晶体生长的方向为向上同时呈树枝状向两侧生长。

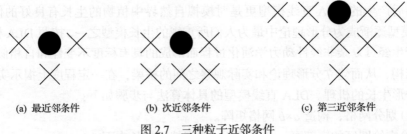

(a) 最近邻条件　　　　　(b) 次近邻条件　　　　　(c) 第三近邻条件

图 2.7　三种粒子近邻条件

因此,在本节的模拟过程中,随机粒子可在上述矩阵空间内以最近邻条件进行凝聚,且采用左、下、右等概率的方式进行运动。矩阵的最下面第一行代表基底种子平面,即霜生长深冷表面,霜将以此直线开始生长。接下来在距离基底 5 个像素的那一行释放粒子,随机粒子可以向左、右、下三个方向运动。然后判断该运动粒子每一步左、下、右子格中是否含有粒子，若有，则被粘住；若没有，则继续运动。若随机粒子运动超出了矩阵的范围，则不再追踪这个粒子，同时产生新的随机运动粒子，若运动粒子与种子接触，则粒子附着在此处。此时，释放粒子的位置将被重新调整。霜生长过程中，随着霜的生长，霜-湿空气界面逐渐向湿空气区域逼近，因此随后释放粒子的位置距已附着粒子的距离会被逐渐调整，然后重新产生一个新粒子，生成的粒子以同样的方式运动，反复进行该过程，粒子不断聚集生长。算法的具体实现过程如图 2.8 所示。

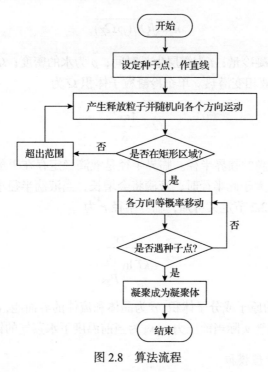

图 2.8　算法流程

2. 模型参数的选择

结霜过程经历了水珠生成、长大、冻结，初始霜晶生成、长大及霜层生长过程。根据实验结果，当没有结霜时通过深冷表面的理想热量为 Q_1，实验中测得的结霜工况下通过深冷表面的热量为 Q_2，则由于结霜而耗散的热量为

$$Q_0 = Q_1 - Q_2 \tag{2.25}$$

设霜晶表面散失的冷量为 Q_3，则因结霜而耗散的热量中实际用于冷凝结霜的冷量为

$$Q = Q_0 - Q_3 \tag{2.26}$$

由于霜晶在基体冰珠上呈枝状生长，随着霜晶的生长，它与周围空气的接触面积不断增大，通过霜晶表面的散热量也不断增大，制冷量中用于水蒸气冷凝结霜的冷量则不断减少。在结霜前期考虑到霜晶与周围空气接触面积不大，其表面的散热量也不大，因此在霜层生长前期，可以忽略霜晶表面散失的热量 Q_3，即

$$Q = Q_0 \qquad (2.27)$$

根据能量守恒，可得二维平面上单位面积上的冷凝粒子数为

$$n = \sqrt{Qt/(\rho \Omega \gamma)} \qquad (2.28)$$

式中，Q 为结霜冷凝冷量；t 为霜层生长时间；ρ 为水的密度；Ω 为单个冷凝粒子体积；γ 为水的气液相变潜热。单个冷凝粒子体积 Ω 为

$$\Omega = \frac{4\pi r^3}{3} \qquad (2.29)$$

式中，r 为凝结液滴的临界半径。临界半径是液滴稳定存在于蒸汽中的最小半径条件，当液滴半径大于此半径时，液滴将会增长，当液滴半径小于此半径时，液滴就会挥发。由 2.2.2 节定义可知，临界半径 r^* 为

$$r^* = \frac{2\sigma v}{kT \ln \dfrac{p_v}{p_{vs}}}$$

式中，v 为晶体中的原子或分子体积；σ 为晶体和流体的界面能，$\sigma = 75.6 \times 10^{-3} \text{N/m}$；$p_v$ 为湿空气中水蒸气实际当前压力；p_{vs} 为当前温度下水蒸气的饱和压力。

3. 霜层生长数值模拟

对于空温式星形翅片管气化器，开始结霜时表现为蓬松的羽状结晶或颗粒较大的柱状结晶，随后霜层生长的速度加快，这是由于深冷表面温度越低，越容易形成具有分形特征的晶枝。因此，通过增加深冷表面粒子密度表征深冷表面较易结霜的规律，通过改变程序的参数设置，进而改变程序运行的循环次数，可以得到不同时刻、不同粒子数下的霜层生长模拟结果。图 2.9 为计算机模拟的环境温度为 16℃、环境湿度为 55%下的不同时刻霜层生长过程的模拟图像。

2.4.3　结果对比分析

1. 分形维数模拟结果和实验结果对比

对于图 2.5 和图 2.9 所示的具有分形特征的霜层结构图像，采用计盒法以

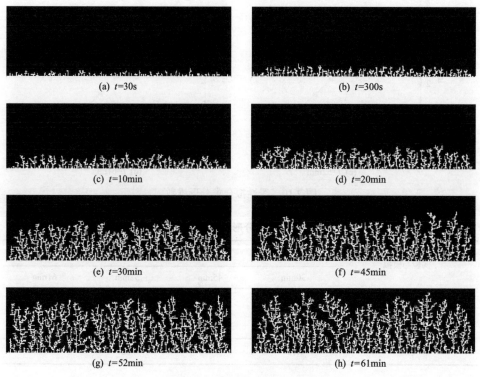

(a) $t=30s$ 　　　　 (b) $t=300s$

(c) $t=10min$ 　　　　 (d) $t=20min$

(e) $t=30min$ 　　　　 (f) $t=45min$

(g) $t=52min$ 　　　　 (h) $t=61min$

图 2.9　霜层生长模拟图像

$\ln N(\delta)$ 为纵坐标、以 $\ln\delta$ 为横坐标作双对数图，结果如图 2.10 所示。可以看出，结霜前期充分生长的霜层在一定尺度范围内具有分形特征，运用最小二乘法进行拟合，得到的直线斜率的负数即为分形维数，如表 2.2 所示。

　　由表 2.2 可以看出，随着结霜的进行，霜层厚度增加，分形维数增大。分析表 2.2 可以发现，深冷表面上霜层生长较快，分形维数较大，结霜机理及霜层结构更加复杂，霜层充满空间的能力更大。换句话说，霜层分形维数的大小与霜晶体在空间的分布密集程度以及复杂程度有关。此外，模拟结果和实验结果的最大

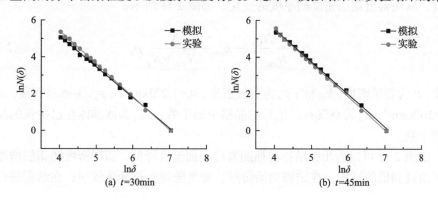

(a) $t=30min$ 　　　　 (b) $t=45min$

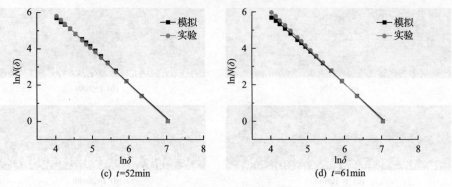

图 2.10　线性拟合求分形维数

表 2.2　分形维数对比

实验与模拟	不同时间下的分形维数			
	30min	45min	52min	61min
实验	1.793	1.815	1.913	1.986
模拟	1.663	1.765	1.886	1.888
误差	0.130	0.050	0.027	0.098

误差为 0.130，最小误差为 0.027，两者取得良好的一致，从分形维数的角度验证了数值模拟的合理性。

2. 霜层密度模拟结果和实验结果对比

霜层物性主要受其密度的影响，因此在 MATLAB 平台下对结霜图像进行霜层密度计算。首先，对结霜图像进行图像处理，使图像的像素点仅由 0 和 1 来表示。然后，以层为单位，从下到上每增加一个像素为一层，霜层每增加一层，对冰晶与空气的格点分别进行统计，得到冰晶与空气的比例，采用式(2.30)计算每层的密度，从而得出霜层密度随厚度的变化，如图 2.11 所示。

$$\rho = \frac{N_{ice}}{N_{ice} + N_a} \rho_{ice} + \frac{N_a}{N_{ice} + N_a} \rho_a \tag{2.30}$$

式中，ρ 为霜层密度，kg/m^3；ρ_a 为空气密度，$\rho_a=1.292kg/m^3$；ρ_{ice} 为冰晶密度，$\rho_{ice}=0.9\times10^3kg/m^3$；$N_a$ 为空气在已生长的晶格中的个数；N_{ice} 为冰晶体在已生长的晶格中的个数。

由图 2.11 可以看出，结霜前期随着冷表面温度降低，霜层密度随霜层增厚经历了由高到低的过程，在结霜初始阶段，密度随霜生长变化较快；在结霜进行一

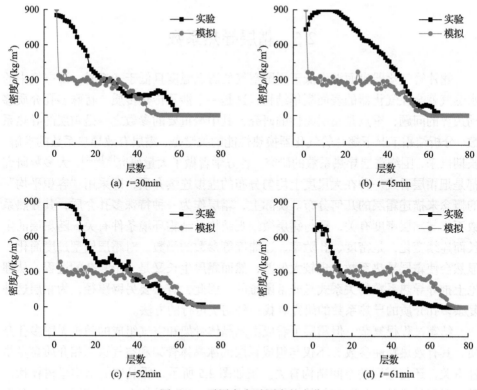

图 2.11　霜层密度随厚度的变化

段时间后，受霜层表面霜晶升华及倒伏的影响，密度明显增大，主要表现为冷表面附近的霜层密度较霜层表面附近的密度大。可见，在整个结霜过程中，霜层密度是变化的，在计算霜层物性参数时，不能将霜层密度作为常数处理，有必要将结霜过程分为具有分形生长特征的霜层生长前期和以霜层老化为特征的霜层生长后期，否则计算的霜层物性参数会与实验结果有较大误差。

　　此外，由图 2.11 还可以看出，模拟结果与实验结果在结霜初始阶段出现较大误差，之后符合得较好，且具有相同的变化趋势，分析存在这种误差的原因如下：在实际霜层生长过程中，随着霜层厚度的增加，霜层表面及其附近湿空气的温度逐渐升高，霜层表面水分子凝华冻结的概率逐渐减小，霜层生长会逐渐趋于缓慢，而在模拟过程中并没有降低产生随机粒子的概率。因此，还有待于以一定的梯度降低直线上产生随机粒子的概率，使得产生随机粒子的概率随模拟过程的进行逐渐减小，直至最后不再产生粒子，通过进一步修正霜层生长模型，使之更符合实际结霜工况。由于密度是影响霜层物性最主要的因素，上述实验结果和模拟结果中密度曲线具有相同的变化规律，也验证了本节建立的模型是合理的。

2.5　霜层导热系数

翅片管气化器表面温度低于周围空气的露点温度且低于 0℃时，湿空气中的水蒸气就会在气化器的表面凝华结霜，这是一个涉及传热传质、特殊多孔介质移动边界的问题，重点是霜层物性的研究，其中最重要的参数之一是霜层的导热系数。分析结霜工况下翅片管气化器换热性能的关键是，霜层有效导热系数的求解。长期以来，围绕霜层导热系数的研究，各方学者做了大量研究[8-10,26]，大多数研究都是把霜层看成一种在大尺度上均匀分布的虚拟连续介质，即采用"容积平均"的概念来描述霜层的几何分布。实际上，霜层作为一种特殊多孔介质，其导热系数不仅与霜层密度有关，还与霜层微细观结构及结霜环境条件有关，随霜层的生长而连续变化，是密度、孔隙率、迂曲度等参数的函数。对霜层模型过度简化，显然会使霜层导热系数出现较大偏差，然而霜层生长又是一个复杂的过程，从理论上推导导热系数的关系式是非常困难的。因此，有必要另辟蹊径，为霜层这种复杂多孔介质的导热系数的研究寻找一种切实可行的方法。

结霜过程很复杂，但霜层可看成由冰晶体骨架和空气组成的随机无序多孔介质，其有效热物性参数 E 不仅与组成霜层的冰晶体骨架和空气这两相介质自身物性有关，还与霜层的空间结构有关。正如图 2.5 所示，霜晶体的结构呈树枝状，随着时间的增长，不断有新的树枝状晶体出现，霜层结构在一定范围内具有分形特征。因此，在实验获得实际深冷表面霜层生长剖面图像的基础上，应用分形理论求解霜层剖面孔隙面积分布分形维数及孔隙率，从多孔介质传热传质理论出发，结合局域分形理论，建立霜层导热模型，理论上推导霜层密度、导热系数等热物性参数的分形表达式，研究实际霜层密度、导热系数的变化规律。

根据局域分形理论，对于具有分形结构、局域分形尺度为 l 的多孔介质的有效热物性参数[53]可以表示为

$$E = f\left(\sum E_i, \varepsilon, d, l\right) \tag{2.31}$$

式中，E_i 为多孔介质各相的热物性参数；ε 为多孔介质平均体孔隙率；d 为分形维数。事实上，霜层骨架冰晶或孔隙是不能完全填满霜层剖面的，在剖面上并不是均匀分布的，在很多情况下，孔隙结构或冰晶骨架的面积分布具有分形的特征，因此可求出相应霜层孔隙或冰晶基质面积分布的分形维数。本节在验证霜层具有分形特征的基础上，以实验观察到的实际霜层生长结构为研究对象，采用计盒法确定霜层剖面孔隙面积分布分形维数和分形孔隙率，建立霜层导热的分形结构模型，进而确定霜层的有效导热系数。在应用分形理论获得实际霜层有效导热系数的基础上，结合实验数据对结霜工况下的气化器换热特性进行定量分析。

2.5.1　孔隙面积分布分形维数

为了具体计算霜层孔隙面积分布分形维数，采用计盒法对图 2.12 所示的经过图像处理的实验结霜图像进行孔隙面积分形维数的计算，具体计算步骤如下：

图 2.12　深冷表面结霜二值图像

（1）如图 2.13 所示，在尺度 $D\sim A$ 区间，任意取不同的测量尺度 X。

（2）在霜层剖面上任取一点作为计算区中心，利用边长为 X 的盒子测量剖面上计算区内孔隙的面积。

（3）重复步骤（2），直至整个霜层剖面都被等概率地测量到，将剖面孔隙面积的平均值取为 S。

（4）改变尺度 X，重复上述步骤（2）和（3），得到不同尺度 X_i 对应的一系列孔隙面积 S_i。

（5）运用最小二乘法进行线性拟合，得到 $\ln S$-$\ln X$ 对数坐标图。

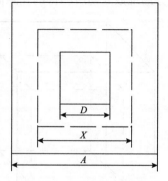

图 2.13　测量尺度示意图

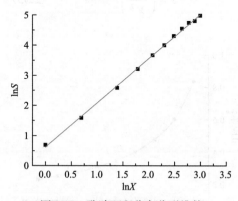

图 2.14　孔隙面积分布分形维数

计算结果如图 2.14 所示，实际霜层孔隙面积分布分形维数 $d=1.465$。显然，在 $\ln S$-$\ln X$ 对数坐标图上霜层孔隙面积的平均值 S 与测量尺度 X 之间呈线性关系，满足以下线性关系式：

$$\ln S = \ln k + d\ln X \qquad (2.32)$$

式中，k 为比例常数，$k=1.861$；直线斜率 d 即为霜层孔隙面积分布分形维数。

由图 2.14 可以看出，深冷表面霜层剖面在测量尺度 $D\sim A$ 区间孔隙分布具有统计上的自相似性，即霜层剖面的孔隙分布呈现出分形特征。

2.5.2　霜层孔隙率

孔隙率是指多孔介质内的微小孔隙的总体积与该多孔介质总体积的比值，表示为

$$\varepsilon = \frac{V_{孔隙}}{V_{多孔}} \times 100\% \qquad (2.33)$$

霜层孔隙率与霜层冰晶体颗粒的形状、结构和排列有关，是影响霜层内水蒸气传热与传质的重要参数。由式(2.32)可得，对于一定孔隙率的霜层结构，由于霜层剖面孔隙面积分布具有分形的特征，在不同测量尺度 X 下，其孔隙面积分布分形维数 d 与所测得的孔隙面积平均值 S 满足如下关系：

$$S = kX^d \qquad (2.34)$$

对霜层实际不规则结构进行简化，假设霜层孔隙结构呈立方体结构，中间为空气流经的空腔，周围为霜层冰晶骨架，每个计算的霜层体积单元模型如图 2.15 所示。由于相似结构的标度不变性，其传热特性将与整体保持一致，基于分形理论的霜层的有效体孔隙率为

$$\varepsilon = \left(\frac{S}{X^2} \right)^{3/2} \qquad (2.35)$$

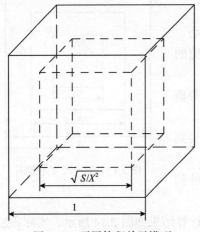

图 2.15　霜层体积单元模型

由式(2.34)和式(2.35)可得

$$\varepsilon = k^{3/2} X^{3(d-2)/2} \qquad (2.36)$$

由图 2.12 测得的实际霜层的孔径范围为 1～20 像素，为了建立通用的霜层分形模型，图 2.14 中用 1～20 作为测量尺度 X 的取值范围。由图 2.14 可知，$d=1.465$，$k=1.861$，将相关数值代入式(2.36)得到实际霜层的孔隙率 ε 随测量尺度 X 的变化，如图 2.16 所示。

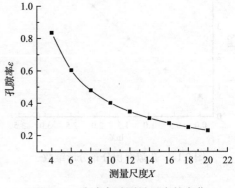

图 2.16　孔隙率随测量尺度的变化

2.5.3　霜层密度

　　霜层密度是分析结霜情况的一个重要参数，是影响霜层导热系数和霜层生长率的重要因素。其大小随着霜层结构的变化而变化，除了受到湿空气的温度及霜晶形状的过饱和度的影响，还会受到霜层内水蒸气扩散和凝结的影响，而水蒸气的扩散与霜层内部水蒸气的浓度梯度以及霜层结构有关。综上所述，霜层密度受到以下因素的影响。

　　(1)霜层表面温度。

　　(2)霜层表面湿空气的过饱和度。

　　(3)冷表面温度。

　　(4)霜层生长时间。

　　基于分形孔隙率的霜层密度可由文献[15]中的公式求得

$$\rho = \varepsilon\rho_a + (1-\varepsilon)\rho_{ice} \tag{2.37}$$

式中，ρ 为霜层密度，kg/m^3；ρ_a 为空气密度，$\rho_a=1.292kg/m^3$；ρ_{ice} 为冰柱密度，$\rho_{ice}=0.9\times10^3 kg/m^3$。由式(2.37)即可得到实际霜层的密度，如图 2.17 所示。

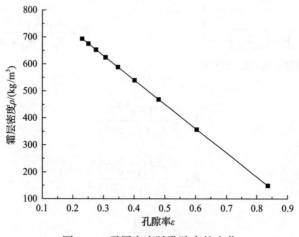

图 2.17　霜层密度随孔隙率的变化

2.5.4　霜层结构的导热模型

　　实际霜层作为一种特殊的多孔介质，其微观结构是变化的、不规则的，但由上述分析可知，局域分形仍然存在。因此，可以得到简化后霜层的一个单元孔隙剖面模型如图 2.18 所示，使简化后的剖面与原来的实际剖面具有相同的孔隙面积，并且具有相同的局部孔隙面积分形维数 d，由此它们应该具有相同的有效导热特性。图 2.18 中，L_0 为霜层体积单元的特征长度，$L_0=1$，L_1 为体积单元中孔隙的特征长度，$L_1=\varepsilon^{1/3}$。为简化计算，进一步采用如图 2.19 所示的简化的霜层导热分形模型，图中 q 为热流。

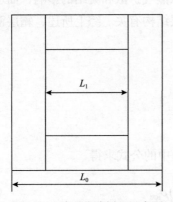

图 2.18　单元孔隙剖面示意图

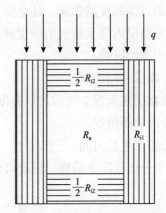

图 2.19　简化的霜层导热分形模型

该模型的热阻如图 2.20 所示，表达式为

$$R = \frac{R_{i1}(R_{i2} + R_a)}{R_{i1} + R_{i2} + R_a} \tag{2.38}$$

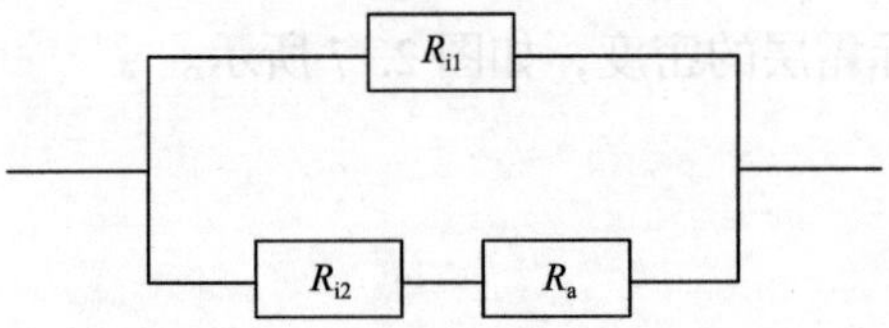

图 2.20　霜层结构热阻示意图

其中，

$$R_{i1} = \frac{1 - \varepsilon^{1/3}}{\lambda_{ice}(1 - \varepsilon^{2/3})} \tag{2.39}$$

$$R_{i2} = \frac{\varepsilon^{1/3}(1 - \varepsilon^{1/3})}{\lambda_{ice}(1 - \varepsilon^{2/3})} \tag{2.40}$$

$$R_a = \frac{1}{\lambda_a \varepsilon^{2/3}} \tag{2.41}$$

$$R_{i2} + R_a = \frac{\lambda_a \varepsilon(1 - \varepsilon^{1/3}) + \lambda_{ice}(1 - \varepsilon^{2/3})}{\lambda_a \lambda_{ice} \varepsilon^{2/3}(1 - \varepsilon^{2/3})} \tag{2.42}$$

所以有

$$R = \frac{\lambda_{ice}\varepsilon\left(1-\varepsilon^{1/3}\right)^2 + \lambda_a\left(1-\varepsilon^{1/3}\right)\left(1-\varepsilon^{2/3}\right)}{\lambda_a\lambda_{ice}\left(1-\varepsilon^{2/3}\right)\left(1-\varepsilon^{1/3}\right)\left(\varepsilon^{2/3}+\varepsilon\right) + \lambda_a^2\left(1-\varepsilon^{2/3}\right)^2} \tag{2.43}$$

霜层导热系数为

$$\lambda = \frac{1}{R} = \frac{\lambda_a\lambda_{ice}\left(1-\varepsilon^{2/3}\right)\left(1-\varepsilon^{1/3}\right)\left(\varepsilon^{2/3}+\varepsilon\right) + \lambda_a^2\left(1-\varepsilon^{2/3}\right)^2}{\lambda_{ice}\varepsilon\left(1-\varepsilon^{1/3}\right)^2 + \lambda_a\left(1-\varepsilon^{1/3}\right)\left(1-\varepsilon^{2/3}\right)} \tag{2.44}$$

式中，λ_a 为空气导热系数，$\lambda_a=0.024\text{W}/(\text{m·K})$；$\lambda_{ice}$ 为霜层冰柱导热系数，$\lambda_{ice}=1.88\text{W}/(\text{m·K})$。

2.5.5 霜层导热系数的计算

由式(2.44)得到实际霜层的导热系数，导热系数随密度的变化如图 2.21 所示。由图可以看出，由上述分形模型计算得到的实际霜层导热系数，与文献[77]报道的霜层导热系数值域范围 0.02～0.16W/(m·K) 是相符的，说明了该分形导热模型的合理性。

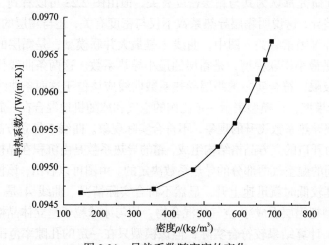

图 2.21 导热系数随密度的变化

图 2.22 为霜层导热系数随孔隙率的变化示意图。由图可以看出，结霜前期，由于霜层表面温度较低，霜晶还未来得及升华、回融，霜层孔隙率较大。导热系数随着孔隙率的增大呈减小的趋势，这是因为霜层中有大量导热能力很差的空气间隙，使霜层导热系数降低。鉴于结霜前期霜层导热系数随孔隙率的变化范围不大，为了具体计算结霜工况下通过霜层的热流密度，定量分析结霜对传热性能的影响，取霜层导热系数 $\lambda=0.095\text{W}/(\text{m·K})$。

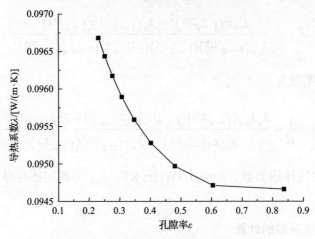

图 2.22　导热系数随孔隙率的变化

2.5.6　与其他模型的对比

图 2.23 给出了本节霜层结构的导热分形模型与其他模型的比较。对于霜层导热系数，目前研究都认为其与霜层密度有关，但由图 2.23 可以看到，各条曲线之间存在较大差异，这说明霜层导热系数不仅与密度有关，还与霜层的微细观结构、结霜环境条件等因素有关。图中，曲线 1 是最大并联模型，是霜层的最大导热系数；曲线 5 是最小串联模型，是霜层的最小导热系数。这两条曲线代表霜层导热系数的两个极限，符合实际的霜层导热系数曲线应该位于这两条曲线之间。曲线 2 是随机混合模型，该模型表示一定比例的空气和冰随机地混合在一起，但在小孔隙率下均出现导热系数飞升的现象，不符合实际现象。曲线 3 是立方晶格模型，该模型认为霜由开口的立方晶格结构组成，霜的导热系数是由沉积在晶格边缘的冰和充满晶格之间的湿空气两部分的导热系数决定的。由图可以看出，该模型中霜的导热系数在密度较低时就迅速上升，显然不符合实际情况。曲线 4 是 Yonko-Sepsy 模型，该模型把霜层看成冰-空气的混合物，均匀冰球粒子呈立体晶格状态存在于湿空气中[62]，计算结果较符合实际，但该模型只在一定的孔隙率范围内有效。曲线 6 是本节霜层结构的导热分形模型的实验结果。由图可以看出，本节霜层结构的导热分形模型的结果介于最小串联模型和 Yonko-Sepsy 模型之间，在霜层密度大于 500kg/m³，霜层进入充分生长时仍然适用，没有孔隙率的限制。因此，由上述分形模型计算的实际霜层的导热系数相比于其他模型，较符合实际，霜层导热系数有较大的适用范围，也进一步验证了将剖面面积分布分形维数引入导热模型以确定霜层导热系数的可行性，从而为霜层导热系数的理论研究开辟了一条新道路。

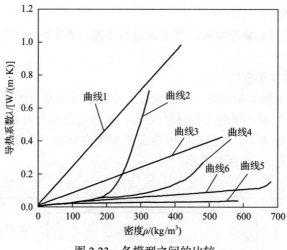

图 2.23　各模型之间的比较

2.6　霜层内的传热及传质分析

空温式翅片管气化器工作时，湿空气中的热量依次通过霜层、翅片管传递给管内的低温流体，如图 2.24 所示。气化器空气侧换热根据翅片管表面状况可分为结霜工况区和无霜工况区，其中结霜工况区又可分为霜层稳定区和霜层生长区。

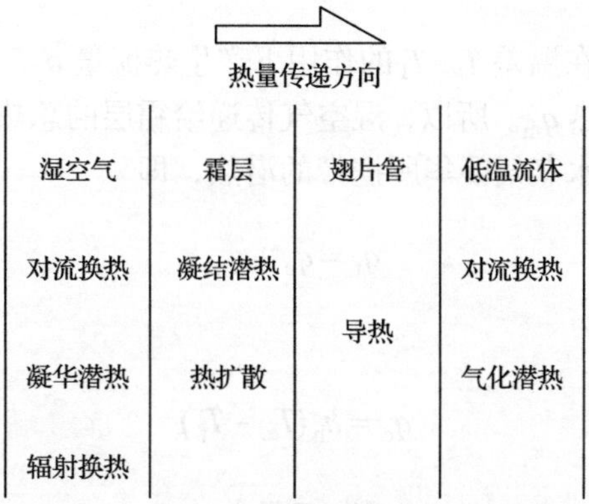

图 2.24　翅片管气化器传热过程示意图

在翅片管凝华结霜的过程中，包含复杂的传热传质，为建立基本传热传质规律，进行如下假设：

(1)霜层为多孔介质,水蒸气通过分子扩散进入霜层内部,菲克定律仍然适用。

(2)虽然结霜过程本质上是瞬态过程,但认为在极短的时间范围内存在一个准稳态过程,温度和水蒸气压力随时间的变化是极其缓慢的,可建立相应的能量方程和质量平衡方程。

(3)霜层热量只沿霜层生长厚度方向进行传递，即沿着翅片管表面到霜层表面的一维方向。

(4)霜的辐射换热忽略不计。

在翅片管深冷表面霜层的一维生长过程中，气化器空气侧湿空气向霜层的传热传质如图 2.25 所示。湿空气的温度为 T_∞，水蒸气分压力为 $P_{v\infty}$，深冷表面温度为 T_w，霜表面温度为 T_f，假设霜层内温度 T_i 呈线性分布，沿着深冷表面方向逐渐减小，水蒸气压力 P_{vi} 也逐渐减小。

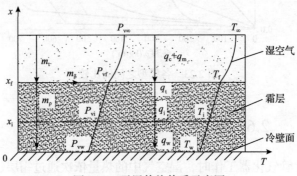

图 2.25　霜层传热传质示意图

2.6.1　热传递

由图 2.25 可知，在温差 $T_\infty - T_f$ 的作用下产生热流量 q_c，伴随着 m_δ 凝结在霜表面，又释放出凝华潜热 q_m。所以，湿空气传递给霜层的总热量 q_t 包括湿空气传递给霜层表面的热量和水蒸气凝华所携带的潜热，即

$$q_t = q_c + q_m \tag{2.45}$$

其中，

$$q_c = h_h (T_\infty - T_f) \tag{2.46}$$

$$q_m = \dot{m}_\delta \gamma \tag{2.47}$$

式中，h_h 为对流换热系数，$W/(m^2 \cdot K)$；$\dot{m}_\delta$ 为霜层表面累积单位面积质量流量，$kg/(s \cdot m^2)$；γ 为凝华潜热，J/kg。

向霜层内部输送的总热量 q_t 可以利用霜层的有效导热系数 λ 计算，即

$$q_t = \lambda \frac{T_f - T_w}{x_f} \tag{2.48}$$

由假设(2)可知，霜层生长可作为准稳态处理，如果忽略霜层的显热蓄热量，那么对于霜层这种由冰晶体和湿空气组成的非饱和多孔介质，在任意结霜时刻，向霜层内部输送的总热量 q_i 等于水蒸气在霜层内部扩散导热和凝华热量 q_ρ 之和，即存在任意结霜瞬间霜层微元体内能量平衡方程为

$$q_i = \lambda_i \frac{T_i - T_w}{x_i} = \lambda_i \frac{dT_i}{dx_i} + q_\rho \tag{2.49}$$

$$q_\rho = \dot{m}_\rho \gamma \tag{2.50}$$

式中，λ_i 为任意时刻霜层有效导热系数，W/(m·K)；$\dot{m}_\rho$ 为任意时刻渗入霜层的水蒸气单位面积质量流量，kg/(s·m²)。

2.6.2　质传递

由图 2.25 可知，由于湿空气与深冷表面间存在水蒸气浓度梯度，水蒸气分子会向霜层内部扩散，存在质量对流运动。在水蒸气压力差 $P_{v\infty}-P_{vf}$ 的作用下，湿空气向霜层表面传输的水蒸气总质量 m_t 的一部分 m_δ 凝华在霜表面，用以增加霜的厚度；另一部分 m_ρ 扩散进入霜层，用以增加霜层密度，则有

$$m_t = m_\rho + m_\delta \tag{2.51}$$

气化器表面霜的累积速率 $\dot{m}_t$（单位为 kg/s）可以由进出气化器空气湿度的变化决定，则有

$$\dot{m}_t = \dot{m}_a(d_i - d_o) \tag{2.52}$$

式中，$\dot{m}_a$ 为干空气质量流量，kg(干空气)/s；d_i、d_o 分别为空气进、出气化器的含湿量，kg(水蒸气)/kg(干空气)。

参 考 文 献

[1] Sami S M, Duong T. Mass and heat transfer during frost growth[J]. ASHRAE Transactions, 1989, 95(1): 158-165.

[2] Lee K S, Kim W S, Lee T H. A one-dimensional model for frost formation on a cold flat surface[J]. International Journal of Heat and Mass Transfer, 1997, 40(18): 4359-4365.

[3] Yun R, Kim Y, Min M K. Modeling of frost growth and frost properties with airflow over a flat plate[J]. International Journal of Refrigeration, 2002, 25(3): 362-371.

[4] Yang D K, Lee K S. Dimensionless correlations of frost properties on a cold plate[J]. International Journal of Refrigeration, 2004, 27(1): 89-96.

[5] 郭宪民. 空气源热泵结霜问题的研究现状及进展（Ⅰ）[J]. 制冷与空调, 2009, 9(2): 1-6.

[6] 姜道珠, 鲁墨森, 刘晓辉. 影响蒸发器结霜因素及结霜对系统的影响[J]. 哈尔滨商业大学学报（自然科学版）, 2012, 28(3): 348-351.

[7] Jones B W, Parker J D. Frost formation with varying environmental parameters[J]. Journal of Heat Transfer, 1975, 97(2): 255-259.

[8] Hayashi Y, Aoki A, Adachi S, et al. Study of frost properties correlating with frost formation types[J]. Journal of Heat Transfer, 1977, 99(2): 239-245.

[9] Dietenberger M A. Generalized correlation of the water frost thermal conductivity[J]. International Journal of Heat and Mass Transfer, 1983, 26(4): 607-619.

[10] Padki M M, Sherif S A, Nelson R M. A simple method for modeling the frost formation phenomenon in different geometries[J]. ASHRAE Transactions, 1989, 95(2): 1127-1137.

[11] Tao Y X, Besant R W, Rezkallah K S. A mathematical model for predicting the densification and growth of frost on a flat plate[J]. International Journal of Heat and Mass Transfer, 1993, 36(2): 353-363.

[12] Gall R L, Grillot J M, Jallut C. Modelling of frost growth and densification[J]. International Journal of Heat and Mass Transfer, 1997, 40(13): 3177-3187.

[13] Mao Y, Besant R W, Chen H. Frost characteristics and heat transfer on a flat plate under freezer operating conditions: Part II. Numerical modeling and comparison with data[J]. ASHRAE Transactions, 1999, 105(1): 252-259.

[14] Na B, Webb R L. A fundamental understanding of factors affecting frost nucleation[J]. International Journal of Heat and Mass Transfer, 2003, 46(20): 3797-3808.

[15] Na B, Webb R L. New model for frost growth rate[J]. International Journal of Heat and Mass Transfer, 2004, 47(5): 925-936.

[16] Mago P J, Sherif S A. Heat and mass transfer on a cylinder surface in cross flow under supersaturated frosting conditions[J]. International Journal of Refrigeration, 2003, 26(8): 889-899.

[17] Lee Y B, Ro S T. Analysis of the frost growth on a flat plate by simple models of saturation and supersaturation[J]. Experimental Thermal and Fluid Science, 2005, 29(6): 685-696.

[18] Sherif S A, Raju S P, Padki M M, et al. A semi-empirical transient method for modelling frost formation on a flat plate[J]. International Journal of Refrigeration, 1993, 16(5): 321-329.

[19] Raju S P, Sherif S A. Frost formation and heat transfer on circular cylinders in cross-flow[J]. International Journal of Refrigeration, 1993, 16(6): 390-402.

[20] Ismail K A R, Salinas C, Gonçalves M M. Frost growth around a cylinder in a wet air stream[J]. International Journal of Refrigeration, 1997, 20(2): 106-119.

[21] Lee K S, Jhee S, Yang D K. Prediction of the frost formation on a cold flat surface[J].

International Journal of Heat and Mass Transfer, 2003, 46 (20): 3789-3796.

[22] Yang D K, Lee K S. Modeling of frosting behavior on a cold plate[J]. International Journal of Refrigeration, 2005, 28 (3): 396-402.

[23] 刘惠枝, 舒宏纪. 冷壁面上成霜规律述评[J]. 大连海事大学学报, 1982, 8 (2): 54-59.

[24] 查世彤, 连添达, 姚普明. 换热器表面结霜机理分析[J]. 天津商学院学报, 1997, 17 (4): 20-25.

[25] 童钧耕, 杨志斌. 结霜过程的变密度分析[J]. 低温工程, 1996, (2): 14-18.

[26] 顾祥红, 李晓颖, 李宏. 凝华结霜导热系数数值计算分析[J]. 大连大学学报, 2006, 27 (6): 53-55.

[27] 姚杨, 姜益强, 马最良. 翅片管换热器结霜时霜密度和厚度的变化[J]. 工程热物理学报, 2003, 24 (6): 1040-1042.

[28] 刘志强, 汤广发, 张国强. 空气源热泵蒸发器结霜过程仿真研究[J]. 暖通空调, 2004, 34 (9): 20-24.

[29] 蔡亮, 侯普秀, 李舒宏, 等. 不同孔隙率下霜层导热系数的理论模型[J]. 建筑热能通风空调, 2005, 24 (2): 62-64.

[30] 王芬芬, 王长庆. 肋片管式换热器过饱和假设下结霜数学模型的建立[J]. 能源技术, 2007, 28 (3): 160-162.

[31] 吴晓敏, 李瑞霞, 王维城. 强制对流条件下结霜现象的实验研究[J]. 清华大学学报 (自然科学版), 2006, 46 (5): 682-686.

[32] 吴晓敏, 江航, 王维城. 冷面结霜微细观特性的实验研究[J]. 工程热物理学报, 2008, 29 (9): 1545-1547.

[33] 廖云虎, 丁国良, 林恩新, 等. 翅片管换热器结霜过饱和模型[J]. 上海交通大学学报, 2008, 42 (3): 399-403.

[34] 王军, 陈雁, 高才. 准稳态结霜模型求解与分析[J]. 制冷, 2010, 29 (4): 16-20.

[35] 梁展鹏, 彭晓峰, 李智敏, 等. 霜层表面部分冰晶升华的实验观测[J]. 工程热物理学报, 2009, 30 (2): 267-269.

[36] Li D, Chen Z Q, Shi M H. Effect of ultrasound on frost formation on a cold flat surface in atmospheric air flow[J]. Experimental Thermal and Fluid Science, 2010, 34 (8): 1247-1252.

[37] 李栋, 陈振乾. 超声波影响初始霜晶生长的微观可视化研究[J]. 应用基础与工程科学学报, 2012, 20 (1): 28-35.

[38] Stoecker W F. How frost formation on coils affects refrigeration systems[J]. Refrigerating Engineering, 1957, 65 (2): 42-46.

[39] Gatchilov T S, Ivanova V S. Characteristics of the frost formed on the surface of the finned air coolers[J]. Progress in Refrigeration Science and Technology, 1980, (2): 997-1003.

[40] Kondepudi S N, O'Neal D L. Effect of frost growth on the performance of louvered finned tube

heat exchangers[J]. International Journal of Refrigeration, 1989, 12(3): 151-158.

[41] Rite R W, Crawford R R. The effect of frost accumulation on the performance of domestic refrigerator-freezer finned-tube evaporatorcoils[J]. ASHRAE Transactions, 1991, 97(2): 428-437.

[42] Seker D, Karatas H, Egrican N. Frost formation on fin-and-tube heat exchangers. Part I—Modeling of frost formation on fin-and-tube heat exchangers[J]. International Journal of Refrigeration, 2004, 27(4): 367-374.

[43] Yang D K, Lee K S, Song S. Modeling for predicting frosting behavior of a fin-tube heat exchanger[J]. International Journal of Heat and Mass Transfer, 2006, 49(7/8): 1472-1479.

[44] 赖建波, 臧润清. 翅片管式换热器表面结霜特性的数值分析和实验研究[J]. 制冷学报, 2003, 24(2): 8-11.

[45] 张兴群, 袁秀玲, 黄东, 等. 强制对流翅片管式换热器结霜性能的研究[J]. 西安交通大学学报, 2006, 40(3): 353-356.

[46] 谷波, 任能, 刘小川. 翅片管换热器结霜工况的三维数值模拟与分析[J]. 上海交通大学学报, 2008, 42(3): 441-444.

[47] 赵鹏, 李祥东, 汪荣顺, 等. 竖直星型翅片管结霜的实验研究[J]. 低温与超导, 2009, 37(8): 9-13.

[48] 周丽敏, 李祥东, 汪荣顺. 竖直低温星形翅片管表面结霜及传热传质理论模型[J]. 低温与超导, 2009, 37(11): 60-65.

[49] 张济忠. 分形[M]. 北京: 清华大学出版社, 1995.

[50] Yao S C, Pitchumani R. Fractal based correlation for the evaluation of thermal conductivities of fibrous composites[J]. Transport Phenomena in Materials Proceeding, 1990, 146: 55-60.

[51] Hunt A G, Gee G W. Application of critical path analysis to fractal porous media: Comparison with examples from the Hanford site[J]. Advances in Water Resources, 2002, 25(2): 129-146.

[52] Xu P, Yu B M. Developing a new form of permeability and Kozeny-Carman constant for homogeneous porous media by means of fractal geometry[J]. Advances in Water Resources, 2008, 31(1): 74-81.

[53] 陈永平, 施明恒. 基于分形理论的多孔介质导热系数研究[J]. 工程热物理学报, 1999, 20(5): 608-612.

[54] 刘松玉, 张继文. 土中孔隙分布的分形特征研究[J]. 东南大学学报(自然科学版), 1997, 27(3): 127-130.

[55] 郁伯铭. 多孔介质输运性质的分形分析研究进展[J]. 力学进展, 2003, 33(3): 333-346.

[56] 张新铭, 彭鹏, 曾丹苓. 石墨泡沫新材料导热的分形模型[J]. 工程热物理学报, 2006, 27(S1): 82-84.

[57] 杨金玲, 李德成, 张甘霖, 等. 土壤颗粒粒径分布质量分形维数和体积分形维数的对比[J].

土壤学报, 2008, 45(3): 413-419.

[58] 许志, 王依民, 王勇. 运用分形方法预测石墨化碳泡沫方向导热系数[J]. 材料导报, 2009, 23(16): 74-77.

[59] 李大勇, 臧士宾, 任晓娟, 等. 用分形理论研究低渗储层孔隙结构[J]. 辽宁化工, 2010, 39(7): 723-726.

[60] Hao Y L, Iragorry J, Tao Y X. Experimental study of initial state of frost formation on flat surface[J]. Journal of Southeast University, 2005, 35(1): 149-153.

[61] Hou P X, Cai L, Yu W P. Experimental study and fractal analysis of ice crystal structure at initial period of frost formation[J]. Journal of Applied Sciences, 2007, 25(2): 193-197.

[62] 蔡亮, 王荣汉, 侯普秀, 等. 霜层冰晶体的生长模拟及其热导率的计算[J]. 化工学报, 2009, 60(5): 1111-1115.

[63] 蔡亮, 侯普秀, 虞维平, 等. 水蒸气在霜层中扩散的分形模型[J]. 中南大学学报(自然科学版), 2010, 41(1): 353-356.

[64] 吴晓敏, 江航, 莫少嘉, 等. 用分形理论对结霜过程的数值模拟研究[J]. 工程热物理学报, 2010, 31(12): 2073-2075.

[65] Liu Y M, Liu Z L, Huang L Y, et al. Fractal model for simulation of frost formation and growth[J]. Science China Technological Sciences, 2010, 53(3): 807-812.

[66] 刘耀民, 刘中良, 黄玲艳. 分形理论结合相变动力学的冷表面结霜过程模拟[J]. 物理学报, 2010, 59(11): 7991-7997.

[67] 雷洪, 乔娜, 耿佃桥, 等. 疏水冷面霜晶生长的有限扩散凝聚模型[J]. 东北大学学报(自然科学版), 2012, 33(11): 1591-1594.

[68] 苏海林, 陈叔平, 孙李宁, 等. 低温翅片管换热器结霜试验研究[J]. 低温工程, 2007, (5): 50-53.

[69] 陈叔平, 来进琳, 殷劲松, 等. 空温式深冷翅片管气化器表面结霜特性实验研究[J]. 制冷学报, 2010, 31(4): 26-30.

[70] 陈叔平, 常智新, 韩宏茵, 等. 空温式翅片管气化器自然对流换热的数值模拟[J]. 低温与超导, 2011, 39(6): 58-63.

[71] 陈叔平, 韩宏茵, 谢福寿, 等. 翅片管气化器管内相变传热流动数值模拟[J]. 低温与超导, 2012, 40(2): 52-56.

[72] 闵乃本. 晶体生长的物理基础[M]. 上海: 上海科学技术出版社, 1982.

[73] Falconer K. 分形几何: 数学基础及其应用[M]. 曾文曲, 译. 北京: 人民邮电出版社, 2007.

[74] 巩萍, 潘冬明. 小波分析及其在图像处理中的应用[J]. 长沙大学学报(自然科学版), 2005, 19(2): 52-54.

[75] 许志影, 李晋平, 崔若飞. 小波变换及其在数字图像处理中的应用[J]. 河北理工学院学报, 2003, 25(4): 84-88.

[76] 刘鹏远, 骆升平. Matlab 基于小波变换的图形图像处理[J]. 江西理工大学学报, 2011, 32(1): 66-68.

[77] 陈国邦, 金滔, 汤珂. 低温传热与设备[M]. 北京: 国防工业出版社, 2008.

第3章 空温式翅片管气化器空气侧换热

3.1 空温式翅片管气化器空气侧换热概述

无霜工况下，空温式气化器空气侧翅片管表面与空气间仅存在自然对流换热和辐射换热两种形式的换热。湿空气进入翅片管总传热量为

$$q_{ao} = q_{aoc} + q_{aor} \tag{3.1}$$

式中，q_{ao} 为湿空气进入翅片管的总传热量，W/m^2；q_{aoc} 为翅片表面与空气间的自然对流换热量，W/m^2；q_{aor} 为翅片表面与空气间的辐射换热量，W/m^2。

1. 空气侧自然对流换热

由计算可知，翅片管气化器空气侧自然对流数 Ra 一般大于 10^9，属于湍流流动。根据传热学原理，以翅片管内表面作为计算传热的基准面积，翅片管表面空气侧自然对流换热量为

$$q_{aoc} = h_{aoc} \left(t_a - t_w \right) \tag{3.2}$$

式中，t_a、t_w 分别为环境温度和翅片管冷表面温度，℃；h_{aoc} 为翅片管表面自然对流换热系数，W/(m$^2 \cdot$ K)，表达式为

$$h_{aoc} = \frac{Nu \, \lambda_a}{l} \tag{3.3}$$

式中，Nu 为湿空气努塞特数(Nusselt number)；λ_a 为空气导热系数，W/(m·K)；l 为定型尺寸，这里取翅片管长度，m。

2. 空气侧辐射换热

翅片管表面与大气环境间存在温差导致的辐射换热，翅片管的实际换热过程为辐射换热与空气对流换热形成的复合换热。因翅片管温度低于环境温度，大气环境通过辐射换热将一部分热量传递给翅片管。翅片管表面与大气的辐射换热可以简化为两无限大平板之间的热辐射，辐射换热热流密度计算公式[1]为

$$q_{\text{aor}} = \frac{C_b \left[\left(\dfrac{T_a}{100} \right)^4 - \left(\dfrac{T_w}{100} \right)^4 \right]}{\dfrac{1}{\varepsilon_a} + \dfrac{1}{\varepsilon_w} - 1} \tag{3.4}$$

式中，T_a、T_w 分别为环境温度和翅片管表面的温度，K；ε_a、ε_w 分别为环境空气和翅片管的发射率；C_b 为辐射系数，其值为 $0 \sim 5.67$，这里取 5.67。

引入温度差 $T_a - T_w$，用对流换热牛顿冷却公式的形式改写辐射换热热流密度公式，则式(3.4)写为

$$q_{\text{aor}} = \frac{C_b \left[\left(\dfrac{T_a}{100} \right)^4 - \left(\dfrac{T_w}{100} \right)^4 \right]}{\left(\dfrac{1}{\varepsilon_a} + \dfrac{1}{\varepsilon_w} - 1 \right) (T_a - T_w)} (T_a - T_w) = h_{\text{aor}} (T_a - T_w) \tag{3.5}$$

式中，h_{aor} 为无霜工况下翅片管表面与大气环境间的辐射表面传热系数，$W/(m^2 \cdot K)$，表达式为

$$h_{\text{aor}} = C_b \frac{T_a^4 - T_w^4}{\left(\dfrac{1}{\varepsilon_a} + \dfrac{1}{\varepsilon_w} - 1 \right) (T_a - T_w)} \times 10^{-8} \tag{3.6}$$

3.2　空温式翅片管气化器空气侧换热数值模拟

3.2.1　翅片管几何模型建立

翅片管气化器一般由多排多列翅片换热管组成，翅片管之间用 $180°$ 的 U 型管连接，整个气化器为蛇字形结构。图 3.1 中，L 为翅片管长度，H 为翅片高度，D 为翅片管内径，δ 为翅片厚度，θ 为翅片夹角。

由式(3.3)可知，Nu 可表示为 Gr (格拉斯霍夫数，Grashof number)和 Pr (普朗特数，Prandtl number)的函数，现引入 L/D、H/D、δ/D 三个无量纲数以及翅片个数 n、翅片间夹角 θ 来代表翅片管几何特征，则空气侧自然对流 Nu 的关联式为以下形式：

$$Nu = f\left(Gr, Pr, \frac{L}{D}, \frac{H}{D}, \frac{\delta}{D}, n, \theta \right) \tag{3.7}$$

通过改变这些无量纲数的大小进行多组数值计算来分析各因素对管外对流换热的影响。其中，翅片管长度 L 为特征长度，研究范围为 $0.5 \sim 8m$，翅片管表面

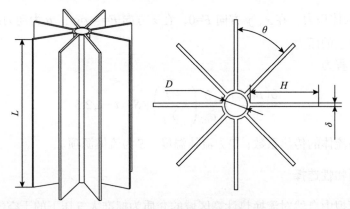

图 3.1　翅片管结构示意图

温度 T_w 的范围为 80～250K，翅片管内径 D 的范围为 10～50mm，翅片厚度 δ 为 0.1～5mm，翅片高度 H 的范围为 30～400mm，翅片间夹角 θ 的范围为 12°～90°。

3.2.2　基本假设

翅片管空气侧的实际传热过程是非常复杂的非稳态复合换热过程，直接模拟实际换热过程非常困难，现基于以下假设进行简化：

(1) 整个换热过程为充分发展的稳态湍流换热。

(2) 翅片材料各向同性、导热系数、密度等不随温度的变化而变化。

(3) 忽略辐射换热、介质的黏性热耗散。

(4) 流动介质为静止的干空气，初始温度分布均匀，不计环境风速对换热的影响。

(5) 不考虑水蒸气凝结、结霜等相变换热的影响。

(6) 翅片管上下为两端绝热壁面，不与外界进行热交换。

3.2.3　流动及传热控制方程

用张量形式表示各控制方程，连续性方程为

$$\frac{\partial(\rho u_i)}{\partial x_i}=0, \quad i=1,2,3 \tag{3.8}$$

式中，ρ 为密度；u_i 为速度矢量。

动量方程为

$$\frac{\partial(\rho u_i u_j)}{\partial x_i}=-\frac{\partial p}{\partial x_j}+F_j+\frac{\partial}{\partial x_i}\left(\mu\frac{\partial u_j}{\partial x_i}\right), \quad i,j=1,2,3 \tag{3.9}$$

式中，F_j 为体积力，在 x、y 方向 $F=0$，在 z 方向 $F=-\rho g$；μ 为动力黏度；p 为流体微元体上的压力。

能量方程为

$$\frac{\partial(\rho u_i T)}{\partial x_i} = \frac{\partial}{\partial x_i}\left(\lambda \frac{\partial T}{\partial x_i}\right) + S, \quad i = 1,2,3 \tag{3.10}$$

式中，λ 为流体的传热系数；T 为流体温度；S 为流体源项。

3.2.4   介质物性选择

数值模拟中自然对流换热计算区域的介质为标准大气压下的干空气，物性常数均选自文献[2]。在一般换热器设计计算中，由换热器进出口平均对数温差来确定定性温度，通过定性温度确定介质的物性，通过理想气体状态方程确定其他密度。而气化器工作时，翅片管表面自然对流换热边界层中的空气温度在 100K 左右，运动黏度比在 300K 时小一个数量级，为 $6.4620×10^{-6}\mathrm{m^2/s}$，而密度又很大，约为 $4\mathrm{kg/m^3}$，Pr 约为 1.3，几乎是 300K 时的 2 倍，此时流体的惯性作用占据主导地位，形成类似射流的状态。可见，自然对流换热作用主要处于壁面附近的边界层内，而热边界层内空气的物性与边界层外有很大差别，此时用平均温度差作为定性温度来确定物性数据会给计算带来比较大的误差。此外，在热边界层内，介质气体的性质更接近于实际气体的性质。例如，在 90K 时，按照理想气体计算空气的密度为 $4.32\mathrm{kg/m^3}$，而实际密度为 $4.49\mathrm{kg/m^3}$，误差接近 4%，如果按照理想气体计算会带来一定的误差。由此可见，正确选择介质物性参数对于低温下自然对流数值模拟非常重要。

对于一般自然对流情形，介质的密度变化很小，流体速度也足够慢，对于几乎不可压缩的液体更是如此。因此，在推导温差不大的自然对流换热理论解，或对温差不大的情形进行数值模拟时常引入 Boussinesq 假设，具体如下。

(1)在各流动控制方程中，除了对流换热是由重力作用下密度变化引起的，密度对其他方面的影响都可以忽略不计，即用远端空气密度 ρ_0 代替 ρ。

(2)方程重力项中的密度表示为随近壁处空气温度 T 变化的简单线性函数：

$$\rho = \rho_0\left[1 - \beta(T - T_0)\right] \tag{3.11}$$

式中，β 为体膨胀系数，为常数，其计算式为

$$\beta = -\frac{1}{\rho}\left(\frac{\partial \rho}{\partial T}\right)_{p=p_0} \tag{3.12}$$

对于液体，一般 $\beta \approx 10^{-4}\mathrm{K^{-1}}$，Boussinesq 假设导致的误差很小，对于一般气

体，β 较高，一般 $\beta \approx 10^{-3}\,\text{K}^{-1}$，此时误差也不大。Fluent 软件包用户手册指出，只有当 $\beta(T-T_0) \ll 1$ 时，Boussinesq 假设才成立。而对于本例，在热边界层内 $\beta(T-T_0) \approx 0.6$，可知如果按照此假设计算密度会带来不小的误差，所以在本例中将不使用 Boussinesq 假设，而直接使用空气的实际密度。基于以上考虑，现将文献[2]中的标准大气压下干燥空气物性数据用最小二乘法拟合物性计算公式，并引入 Fluent 软件中以提高计算的准确度。拟合近壁处空气密度计算公式为

$$\rho = 13.97 - 0.21T + 0.00151T^2 - 5.83 \times 10^{-6}T^3 + 1.14 \times 10^{-8}T^4 - 8.88 \times 10^{-12}T^5$$

$$(3.13)$$

式中，T 为近壁处空气温度，其范围为 80～330K。由图 3.2 可知，在 90～300K 温度范围，通过 Boussinesq 假设计算的密度误差高达 20%。

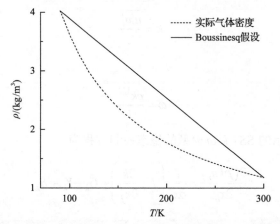

图 3.2　实际气体密度与 Boussinesq 假设在不同温度下的比较

在连续性方程、动量方程、传热方程中，密度应用多次，只有动量方程中的重力项是用 Boussinesq 假设的，即用体膨胀系数计算的，方程中其他项的密度参数是用远端环境温度代替的，并进行了简化，以减少计算量。

定压比热容的计算公式为

$$c_p = 1.302 - 0.00516T + 3.36331 \times 10^{-5}T^2 - 9.63837 \times 10^{-8}T^3 \qquad (3.14)$$

运动黏度为

$$\mu = 9.3154 \times 10^{-9} + 7.6448 \times 10^{-8}T - 4.8367 \times 10^{-11}T^2 \qquad (3.15)$$

导热系数为

$$\lambda = 6.85276 \times 10^{-4} + 9.89329 \times 10^{-5} T - 4.28347 \times 10^{-8} T^2 \tag{3.16}$$

3.2.5　湍流模型选择

一般计算问题常选用标准 k-ε 模型，但经过对有限长度竖直平板自然对流的初步试算，发现计算结果比经验公式的计算结果偏大，边界层偏厚。分析认为，这是由于标准 k-ε 模型是针对计算区内湍流发展非常充分的情形，而对于自然对流，只有边界层内为充分发展的湍流，边界层外的区域流动基本静止。经过比较，将选用 SST k-ω 模型进行计算，该模型对于存在自由剪切流、强体积力驱动流的自然对流传热有较好的精度和收敛性。

SST k-ω 模型在动量方程的基础上引入湍动能 k 及比耗散率 ω 的控制方程，k 的定义式为

$$k = \frac{\overline{u_i' u_i'}}{2} \tag{3.17}$$

ω 的定义式为

$$\omega = \frac{ck^{1/2}}{l} \tag{3.18}$$

张量形式表示的 SST k-ω 模型的稳态控制方程为

$$\frac{\partial (\rho k u_i)}{\partial x_i} = \frac{\partial}{\partial x_j}\left(\Gamma_k \frac{\partial k}{\partial x_j} \right) + \tilde{G}_k - Y_k + S_k \tag{3.19}$$

$$\frac{\partial}{\partial x_i}(\rho \omega u_i) = \frac{\partial}{\partial x_j}\left(\Gamma_\omega \frac{\partial \omega}{\partial x_j} \right) + G_\omega - Y_\omega + D_\omega + S_\omega \tag{3.20}$$

式中，Γ_k、Γ_ω 分别为 k 和 ω 的扩散系数；$\tilde{G}_k$、G_ω 为湍动能产生项；Y_k、Y_ω 为湍动能耗散项；S_k、S_ω 为控制方程的源项，此处均为 0；D_ω 为结合标准 k-ε 模型引入的交叉扩散系数，是 SST k-ω 模型的特有项。各参数具体的计算公式及常数量参见文献[3]。

3.2.6　计算网格划分

气化器结构相对简单，选取两翅片间空间作为计算域时，容易将模型映射成六面体结构，简化结构化网格的划分。为避免外部空气对气化器计算结果的影响，将气化器翅片端部以外 50mm 内的外侧空气空间也纳入计算范围，图 3.3 为数值模拟计算区域截面示意图。使用 Gambit 软件的 Map 方法生成 Hex 六面体结构化网格，

并在近壁区域及靠近芯管的区域对网格加密，气化器网格划分情况如图 3.4 所示。

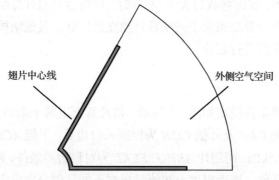

图 3.3　数值模拟计算区域截面示意图

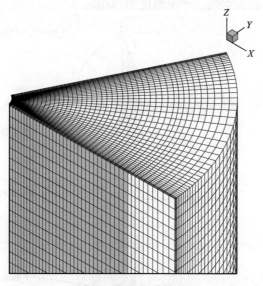

图 3.4　网格划分情况

为了解翅片管各个几何尺寸参数对换热的影响，对近百组几何形状尺寸不同的气化器进行数值模拟，如果单独对每个气化器建立几何模型并划分网格，工作量将非常大。Gambit 软件提供了二次开发接口，通过定义宏程序可以实现自动几何建模和网格自动划分，大大降低工作量。根据气化器的结构特点，编制了自动几何建模和网格划分的程序，见附录 A.1。

在数值模拟过程中，数值耗散是导致计算误差的主要原因之一。数值耗散来自对控制方程离散产生的截断误差，所以数值耗散的程度与网格数目成反比，通过精化网格可以降低数值耗散，提高计算精度。但随着网格分辨率的提高，计算量也会变大，在现有软硬件条件下兼顾计算效率和计算精度，选择合适的网格精度相当重要。为确定计算网格的精度，本节在正式数值模拟前对网格进行了无关性验证，结果表明，在网格数目大于 80 万时，网格数目对计算结果的影响基本保持稳定，可以认为计算结果对于网格数目独立性较好。其他结构尺寸的模型将以此次计算的网格密度进行划分。

3.2.7　边界条件设定

计算模型边界条件设定如图 3.5 所示。翅片管上下两个端面为绝热壁面边界，流动介质区域上侧 *GIJL* 及外侧 *CDJI* 为恒压入口边界，下侧 *ACDF* 为恒压出口边界，压力均为 101.5kPa。两翅片 *ABHG*、*FEKL* 为对称边界条件，翅片管内壁 *AGLF* 为传热壁面边界条件，壁面温度及热流量根据不同算例分别设定。固体部分介质为铝合金，流动介质为空气，环境温度为 300K。

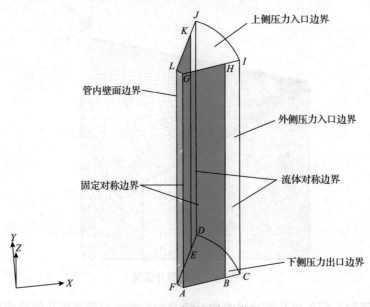

图 3.5　边界条件设定示意图

3.2.8　控制方程离散

计算流体力学中对 N-S 方程的离散格式分为中心差分格式、一阶迎风格式、二阶迎风格式、混合格式、Quick 格式等。本节对动量方程采用一阶迎风格式离散。一般而言，一阶迎风格式离散的收敛效果比二阶迎风格式好，迭代次数少，但计算精度较低。在 Fluent 软件中常采用非结构四面体或三角形网格，流动不可能与网格呈线性，使用一阶迎风格式会增加数值耗散的影响，因此一般要用二阶迎风格式离散以获得较高精度的计算结果。本节计算网格是结构化的六面体网格，流动方向与网格呈线性关系，对动量方程采用一阶迎风格式离散就可以获得足够的计算精度，另外还可以提高计算的收敛性。

低温下翅片管空气侧自然对流换热属于高 Ra（瑞利数，Rayleigh number）流动，本例对控制方程压力项采用 PRESTO! 离散格式。PRESTO! 离散格式的全称是 Pressure Staggering Option，其使用离散连续性平衡来计算交错压力表面处的交错体积，原理类似交错网格的思想。这个特点使 PRESTO! 离散格式在计算高 Ra 自然对流、高速旋转流动、多孔介质内的流动时，可得到较好的计算精度和收敛性。

3.2.9　数值迭代方法

流场数值解法可分为分离式解法和耦合式解法。耦合式解法将全场未知变量联立求解，适用于高速可压缩流动，消耗内存较大。现在普遍使用的是分离式解法。分离式解法又可分为 SIMPLE 算法、SIMPLER 算法、SIMPLEC 算法及 PISO 算法等，其中以 SIMPLE 算法使用最为广泛。

当 $Ra > 10^8$ 时，属于高瑞利数流动。通常，高瑞利数自然对流换热直接使用 SIMPLE 算法难以收敛，这是因为自然对流流体的动量方程与热量方程是通过密度变化耦合在一起的，不像强制对流那样分开来计算。一般的做法是先将重力加速度 g 减小两个数量级并用一阶离散格式迭代，以降低 Ra 使计算收敛，利用计算结果的温度梯度对网格进行自适应加密，然后将重力加速度设置为正常值，并在之前计算的基础上继续迭代计算，直至获得收敛的计算结果。

现利用 SIMPLEC 算法初步试算并与 SIMPLE 算法进行比较，发现 SIMPLEC 算法可以获得更好的收敛性，这是因为 SIMPLEC 算法对迭代过程中压力修正值的计算进行了改进，使得到的压力修正值更加准确，对于一般流场计算甚至对压力修正项不进行欠松弛处理也能获得较快的收敛。因此，本节选择 SIMPLEC 算法进行迭代计算，松弛因子为 Fluent 软件默认值。

3.2.10　收敛准则及计算情况

Fluent 软件是以计算结果的残差为标准判断计算是否收敛。本节中定义：当连续性方程、能量方程残差小于 10^{-5}，动量方程组及湍流方程组残差小于 10^{-4} 时，计算收敛。同时，在计算过程中观察翅片管内表面与空气压力出口边界的热流量，以及空气压力进出口边界的质量流量的变化，作为收敛情况的辅助判断标准。一般各算例在迭代 250～350 步后计算达到收敛，各边界热流量及进出口质量流量平衡，平均计算时间约为 2h。计算过程中发现部分算例连续性方程在迭代 1000

步后仍不收敛，将密度欠松弛因子由软件默认的 0.8 改为 0.6 后，计算约 300 步收敛。

3.3　空温式翅片管气化器空气侧换热数值模拟结果及分析

3.3.1　壁温对翅片管表面速度场与温度场的影响

图 3.6 和图 3.7 分别为 $L=1m$，$H=150mm$，$\delta=1.5mm$，$\theta=60°$时翅片管空气侧自然对流在不同翅片管壁温下的速度场与温度场分布。由图 3.6 可知，近壁区空气受冷后在重力的作用下向下流动，沿壁面（翅片管轴向）方向速度逐渐加快，边界层逐渐增厚，边界层内速度梯度较大。不同温度下速度边界层厚度变化不大，但当 $T_w=90K$ 时，边界层内流速较高，最高可达$-1.34m/s$，随着壁温升高，边界层内流速逐渐降低，当 $T_w=210K$ 时，边界层内流速最高只有$-0.9m/s$。由图 3.7 可知，与速度边界层相比，温度边界层内近壁区域温度梯度非常大，沿离开壁面（翅片管径向）方向温度升高很快，之后温度逐渐升高至环境温度。

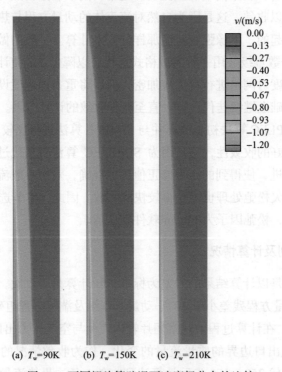

(a) $T_w=90K$　　(b) $T_w=150K$　　(c) $T_w=210K$

图 3.6　不同翅片管壁温下速度场分布的比较

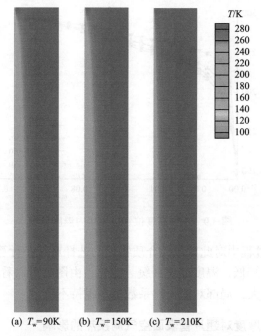

(a) T_w=90K　　(b) T_w=150K　　(c) T_w=210K

图 3.7　不同翅片管壁温下温度场分布的比较

3.3.2　翅片管长对翅片管表面速度场与温度场的影响

图 3.8 和图 3.9 为分别 L =1m，H =150mm，δ =1.5mm，θ =60°，T =90K 时翅片管轴向不同位置的边界层内速度及温度分布情况。由图 3.8 可知，空气黏性底层较薄，约为 5mm，这是由低温下空气黏度较小所致。黏性层与对数率层的过渡区流速较快，形成类似射流的流动。由图 3.9 可知，黏性层与射流层内的温度梯度非常大，温差约为 100K，传热基本发生在此区域内。而此区域内平均温度较低，

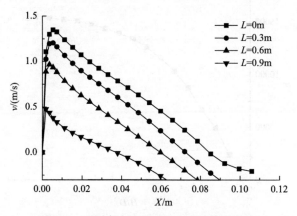

图 3.8　不同高度位置的边界层内速度分布

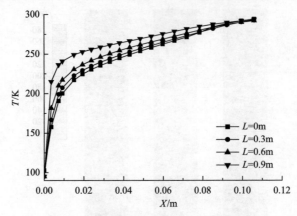

图 3.9 不同高度位置边界层内温度分布

约为 140K，计算过程中对此区域内介质物性的选择对减小计算误差起关键作用。射流层外速度逐渐降低，温度变化平缓。此外，由图还可以看出温度分布随翅片管轴向位置变化不大，局部对流换热系数基本保持不变。

3.3.3 翅片高度及厚度对翅片管表面空气侧换热的影响

图 3.10 为 $L=1.5\text{m}$，$\delta=3\text{mm}$，$\theta=60°$，$T=90\text{K}$ 时 Nu 随 H/D 的变化。开始时，Nu 随着翅片高度的增大迅速增大，当翅片 $H/D>10$ 时，Nu 增量逐渐减小，最终 Nu 随着 H/D 的增大趋于一定值，如果继续增加翅片高度，虽然换热量会有一定的提高，但会降低翅片效率。图 3.11 反映了 $L=1.5\text{m}$，$H=150\text{mm}$，$\theta=60°$，$T=90\text{K}$ 时 Nu 随 δ/D 的变化。可以看出，Nu 随着 δ/D 的增大基本呈幂次关系递增，和 Nu 与 H/D 的关系类似，开始时 Nu 随着 δ/D 的增加显著，当 $\delta/D>0.12$ 时，Nu 增量逐渐减小。

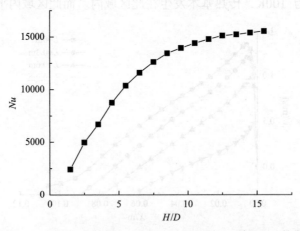

图 3.10 $L=1.5\text{m}$，$\delta=3\text{mm}$，$\theta=60°$，$T=90\text{K}$ 时 Nu 随 H/D 的变化

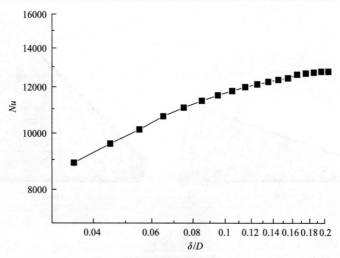

图 3.11　L=1.5m，H=150mm，θ=60°，T=90K 时 Nu 随 δ/D 的变化

3.3.4　翅片个数对翅片管表面空气侧换热的影响

图 3.12 为 L=1.5m，δ=2mm，H=200mm，θ=60°，T=90K 时 Nu 随翅片个数的变化。图 3.13 为 L=1.5m，δ=2mm，H=200mm，T=90K 时不同翅片夹角下温度场的分布。由图 3.12 可知，Nu 随着翅片个数的增加呈线性关系递增，但当 $n>15$ 时，Nu 增加幅度随翅片个数的增加而有所降低，因为当翅片夹角很小时，温度边界层厚度变大，近壁区温度梯度减小，单位面积换热量减小，近壁气体出现近似"热饱和"状态。此外，还应在设计时考虑当随着翅片个数增加，翅片间距不够大时，会在实际过程中形成霜桥，阻塞空气流动，大幅降低传热效率。

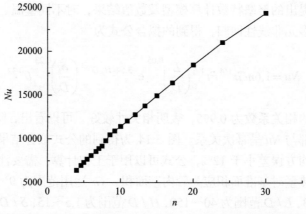

图 3.12　L=1.5m，δ=2mm，H=200mm，θ=60°，T=90K 时 Nu 随翅片个数的变化

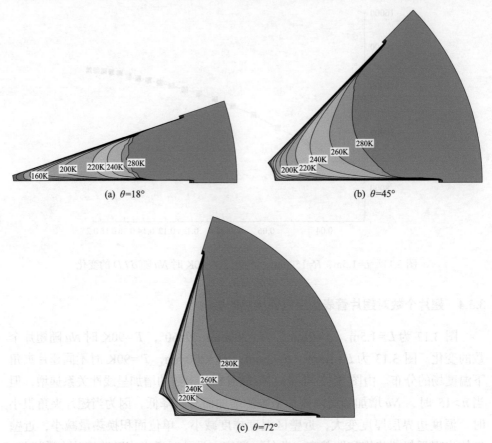

(a) $\theta=18°$　　　　　　　　　　(b) $\theta=45°$

(c) $\theta=72°$

图 3.13　L=1.5m，δ=2mm，H=200mm，T=90K 时不同翅片夹角下温度场的分布

3.3.5　努塞特数计算关联式拟合

根据本章提出的努塞特数计算模型及数值结果，对不同壁温、不同几何参数下换热量进行多元非线性回归，得到的拟合公式为

$$Nu = 1.6 nGr^{1/4} Pr^{1.6} \left(\frac{L}{D}\right)^{0.05} \mathrm{e}^{-3.54(H/D)^{-1}} \left(\frac{\delta}{D}\right)^{0.23} \theta^{0.32} \tag{3.21}$$

公式拟合的相关系数为 0.995，表明相关性较好。可以看出，除 H/D 外，公式中其他变量都与 Nu 呈幂次关系。图 3.14 为得到的公式拟合结果与数值计算结果对比，总体均方误差小于 12%，公式可以用于工程计算。需要注意的是，用拟合公式计算传热量时基准面积应为管内壁面积，Gr 适用范围为 $9^9 \sim 3^{13}$，Pr 适用范围为 $0.8 \sim 1.3$，L/D 范围为 $40 \sim 150$，H/D 范围为 $1.5 \sim 15$，δ/D 范围为 $0.03 \sim 0.2$，θ 范围为 $12° \sim 90°$。

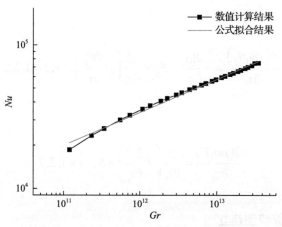

图 3.14　公式拟合结果与数值计算结果对比

3.4　流固耦合作用下空温式翅片管气化器空气侧换热数值模拟

针对空温式气化器翅片管表面空气流动换热问题，目前大多将翅片管内壁面设为固体壁面条件，只对翅片管外空气侧区域模拟求解，鲜有学者对流固耦合传热情况下的翅片管两翅片所夹区域空气流动换热规律进行相关的研究[4]。实际上，随着管内低温液体吸热气化，翅片管表面温度受管内低温液体的影响也随之发生变化。鉴于此，本节选用模拟软件 Fluent[5-8]对流固耦合作用下空温式气化器翅片管表面流动换热规律进行研究。

3.4.1　流动及传热基本控制方程

计算流体动力学是在流体力学和电子计算机的基础上发展起来的，流体流动及传热受守恒定律的支配，主要有动量守恒、质量守恒和能量守恒三大基本控制方程，这三大方程是计算流体动力学软件对流体力学问题进行数值模拟和分析的核心。计算流体动力学软件利用数值解法求解而非解析解，数值解法是一种通过对流体流动及传热方程进行离散，进而求得近似解的方法。现将各控制方程的张量形式表达如下。

连续性方程为

$$\frac{\partial\left(\rho u_i\right)}{\partial x_i}=0, \quad i=1,2,3$$

动量方程为

$$\frac{\partial(\rho u_i u_j)}{\partial x_i} = -\frac{\partial p}{\partial x_j} + F_j + \frac{\partial}{\partial x_i}\left(\mu\frac{\partial u_j}{\partial x_i}\right), \quad i,j = 1,2,3$$

能量方程为

$$\frac{\partial(\rho u_i T)}{\partial x_i} = \frac{\partial}{\partial x_i}\left(\lambda\frac{\partial T}{\partial x_i}\right) + S, \quad i = 1,2,3$$

3.4.2 翅片管计算模型建立

同样，本节以带有 8 根翅片的空温式翅片管气化器为研究对象，对其翅片管空气侧气流流动及换热规律进行研究。如图 3.15 所示，空温式翅片管气化器运行过程中，翅片管内的低温介质自下向上流动，翅片管外气流依靠自然对流从上方和侧面流入，从下方流出，并与翅片管进行热量交换。

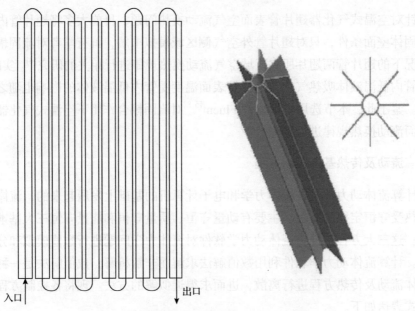

入口   出口

图 3.15　翅片管气化器及单根翅片管结构

1. 建立几何模型

通过分析空温式翅片管气化器的实际运行过程，考虑到计算机性能、整个换热区域的对称性和翅片端部以外空气对翅片所夹区域气流流场的影响，只对单根翅片管进行单液相段和单气相段换热过程模拟。计算范围取整个对流换热区域的 1/8 加上翅片端部以外长 45mm 的空气。选用专业建模软件 Pro/E 5.0 分别建立翅片管、翅片管外气流和翅片管内低温介质的三维模型，通过 Pro/E 5.0 中的组合模块进行装配，将装配后的组合体作为数值研究翅片管空气侧两翅片所夹区域的气流分布的几何模型，几何模型尺寸即单根翅片管结构参数如表 3.1 所示。

表 3.1　单根翅片管结构参数

参数指标	数值
翅片管长度/mm	900
翅片管外径/mm	25
翅片高度/mm	45
翅片厚度/mm	1.5
翅片夹角/(°)	45

2. 基本假设

空温式翅片管气化器运行过程中，翅片管外空气气流换热是一个非常复杂的非稳态传热过程，且伴随着水蒸气的相变结霜，直接模拟换热过程非常困难。鉴于此，对翅片管表面流场的计算模型进行简化，简化内容[9]如下。

(1) 流动状态：整个换热过程为充分发展的稳态湍流换热。

(2) 材料性能：翅片管材料各向同性、各物性参数不受温度影响。

(3) 传热方式：忽略辐射换热，只存在对流换热和热传导两种传热方式。

(4) 换热气流：换热气流中不含有水蒸气，不计环境风速对换热的影响。

(5) 结霜方面：不考虑水蒸气相变凝结、结霜等相变换热的影响。

3.4.3　计算网格划分

网格是流体流动模型的几何表达形式，也是流体模型与 Fluent 求解器之间的桥梁，网格划分的好坏直接影响 Fluent 软件对模型的计算精度，网格划分不合理将会造成计算失败、连续性方程不收敛或残差很大等问题。网格划分是 Fluent 模拟分析过程中耗时较长的一个环节。网格类型分为结构化网格和非结构化网格。结构化网格中节点排列有序，相邻两点之间关系一一对应，流动方向与网格呈线性关系；非结构化网格中节点的位置无法用一个固定的法则予以有序地命名，流动方向不可能与网格呈线性。在数值模拟过程中，数值耗散是产生计算误差的主要原因之一，数值耗散的程度与网格数目成反比，通过精化网格可以降低数值耗散，提高计算精度。但随着网格的精化，分辨率不断提高，相应的计算机工作量也会变大，对计算机软硬件条件的要求也较为严格，因此在计算机性能和计算时间允许的条件下兼顾计算精度和效率，选择合适的网格精度非常重要[9]。

　　翅片管换热模型是由翅片管、翅片管外气流和翅片管内低温介质三部分装配而成的，翅片管内低温介质呈 1/8 圆柱结构，翅片管呈凹槽结构，翅片管外气流呈不规则的扇形体，整体结构较复杂。为保证计算的可靠性、高效性和合理性，利用四面体和六面体相结合的方式通过 ICEM-CFD 前处理器对几何模型进行网格划分，四面体网格划分的是翅片管内低温介质部分，六面体网格划分的是翅片管外气流和翅片管两部分，如图 3.16 所示。本节旨在分析翅片所夹区域的空气流场分布，因此对这部分空气的网格划分较细，且对翅片管外气流靠近翅片管壁面区域进行局部网格加密。为保证计算网格的精度，前期对网格进行独立性验证，结果表明，在网格数目大于 80 万时，网格数目对计算结果的影响基本保持稳定，可认为网格独立性较好，本节计算网格数目为 100 万左右，能够满足计算准确性要求。

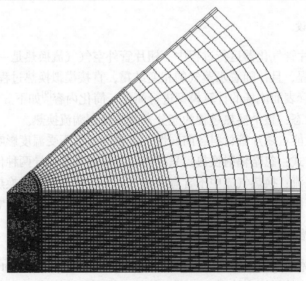

图 3.16　网格划分图

3.4.4　介质物性选择

　　空温式翅片管气化器表面空气气流流场的模拟计算中涉及的介质有翅片管内低温介质、翅片管本体和翅片管外空气气流三种，其中翅片管材质为 6063-T5 铝合金，密度为 $2680 kg/m^3$，比热容为 $0.9 kJ/(kg \cdot K)$，导热系数为 $201 W/(m \cdot K)$，其他物性参数为 Fluent 软件中介质物性选择模块默认值。下面重点阐述翅片管内低温介质和翅片管外空气换热气流的物性参数。

1. 低温介质物性参数

空温式翅片管气化器表面结霜过程实验的介质是 LN_2，因此数值研究翅片管表面气流流动规律时，在单液相段管内低温介质为 LN_2，在单气相段管内低温介质为 N_2，其物性参数均根据文献[2]选择。

密度为

$$\rho = AB^Q \tag{3.22}$$

其中，

$$Q = -\left(1 - \frac{T}{T_c}\right)^n \tag{3.23}$$

式中，ρ 为液体的密度，g/mol；A、B、n 为化合物的回归系数；T 为温度，K；T_c 为临界温度，K。密度计算公式参数取值如表 3.2 所示。表中，T_{min}、T_{max} 分别为式(3.23)适用的最低温度和最高温度，K，超出该温度区间，该公式不再适用。

表 3.2 密度计算公式参数取值

名称	A	B	n	T_c/K	T_{min}/K	T_{max}/K
液氮	0.31205	0.28479	0.29250	126.1	63.15	126.1

蒸气压为

$$\lg P = A + \frac{B}{T} + C\lg T + DT + ET^2 \tag{3.24}$$

式中，P 为蒸气压，mmHg(1mmHg=133.322Pa)；A、B、C、D、E 为化合物的回归系数；T 为温度，K。蒸气压计算公式参数取值如表 3.3 所示。表中，T_{min}、T_{max} 分别为式(3.24)适用的最低温度和最高温度，K。

表 3.3 蒸气压计算公式参数取值

名称	A	B	C	D	E	T_{min}/K	T_{max}/K
氮气	23.8572	-4.7668×10^2	-8.6689	2.0128×10^{-2}	-2.4139×10^{-11}	63.15	126.1

定压比热容为

$$c_p = A + BT + CT^2 + DT^3 + ET^4 \tag{3.25}$$

式中，c_p 为定压比热容，J/(mol·K)；A、B、C、D、E 为化合物的回归系数；T 为温度，K。定压比热容计算公式参数取值如表 3.4 所示。表中，T_{min}、T_{max} 分别为式(3.25)适用的最低温度和最高温度，K。

表 3.4　定压比热容计算公式参数取值

名称	A	B	C	D	E	T_{min}/K	T_{max}/K
液氮	76.452	-3.5226×10^{-1}	-2.6690×10^{-3}	5.0057×10^{-5}	0	75	115
氮气	29.342	-3.5395×10^{-3}	1.0076×10^{-5}	-4.3116×10^{-9}	-2.5935×10^{-13}	50	1500

导热系数为

$$k_g = A + BT + CT^2 \tag{3.26}$$

$$\lg k_g = A + B(1 - T/C)^{2/7} \tag{3.27}$$

式(3.26)为气体导热系数计算公式，式(3.27)为液体导热系数计算公式。式中，k_g 为导热系数，W/(m·K)；A、B、C 为化合物的回归系数；T 为温度，K。导热系数计算公式参数取值如表 3.5 所示。表中，T_{min}、T_{max} 分别为式(3.26)和式(3.27)适用的最低温度和最高温度，K。

表 3.5　导热系数计算公式参数取值

名称	A	B	C	T_{min}/K	T_{max}/K
液氮	-1.4600	0.7904	126.10	70	126
氮气	0.00309	7.5930×10^{-5}	-1.1014×10^{-8}	78	1500

2. 换热气流物性参数

翅片管外换热气流为干空气，换热方式属于自然对流。自然对流换热不同于其他形式的换热，对自然对流的数值模拟是流体模拟的另一个分支。文献[10]采用 Fluent 软件对流体密度的处理方法进行了对比分析，如表 3.6 所示，指出 Boussinesq 假设的收敛性好，但仅适用于温差小于 30℃ 的情况，本例模拟对象温度范围为 77~300K，温差较大，因此不适合用 Boussinesq 假设。

表 3.6　Fluent 软件对流体密度的处理方法

模型	密度计算公式	备注
Boussinesq 假设	$\rho = \rho_0 \left[1 - \beta(T - T_0) \right]$	需要设置参考密度 ρ_0
不可压缩理想气体（用虚拟密度）	$\rho = \dfrac{p_{op}}{(R/M_w)T}$	不需要设置参考密度 ρ_0
可压缩理想气体（用虚拟密度）	$\rho = \dfrac{p_{op} + p}{(R/M_w)T}$	需要设置参考密度 ρ_0

续表

模型	密度计算公式	备注
可压缩理想气体 （不用虚拟密度）	$\rho = \dfrac{p_{op} + p}{(R/M_{w})T}$	不需要设置参考密度 ρ_0， Fluent 在每个迭代步自动计算
多项式插值	$f(T)$	默认为温度的函数， 用户需要给定多项式常数

鉴于前期作者在空温式翅片管气化器表面自然对流传热特性数值模拟方面所做的大量工作，本节对换热气流的物性参数选用文献[9]中用最小二乘法拟合的计算公式，具体如下：

密度为

$$\rho = 13.97 - 0.21T + 0.0015T^2 - 5.83 \times 10^{-6} T^3 + 1.14 \times 10^{-8} T^4 - 8.88 \times 10^{-12} T^5 \quad (3.28)$$

式中，T 的范围为 80～330K。计算可知，在 90～300K 温度范围，通过 Boussinesq 假设计算的密度误差高达 20%。

定压比热容为

$$c_p = 1.302 - 0.0051T + 3.36331 \times 10^{-5} T^2 - 9.63837 \times 10^{-8} T^3 \quad (3.29)$$

运动黏度为

$$\mu = 9.3154 \times 10^{-9} + 7.6448 \times 10^{-8} T - 4.8367 \times 10^{-11} T^2 \quad (3.30)$$

导热系数为

$$\lambda = 6.85276 \times 10^{-4} + 9.89329 \times 10^{-5} T - 4.28347 \times 10^{-8} T^2 \quad (3.31)$$

3.4.5　湍流模型选择

在实际工程应用中，大部分流体处于湍流状态，涉及流动问题的数值模拟，均需要选择湍流模型，且 Fluent 软件中有各种功能的湍流模型可供用户选择。表 3.7 列举了 Fluent 软件中常用的湍流模型。

表 3.7　Fluent 软件中常用的湍流模型[11]

模型	功能及主要适用范围
混合长度模型	零方程模型，计算量小，只能模拟简单流动
Spalart-Allmaras 模型	适用于螺旋桨、机翼、船体和导弹等中等复杂的边界层流动
标准 k-ε 模型	目前运用最广泛的高 Re 湍流计算模型，优缺点明确，适用于初始迭代、设计选型等
RNG k-ε 模型	涉及强旋涡或弯曲壁面等高 Re 的湍流流动模型，是 k-ε 模型的改进模型
Realizable k-ε 模型	适用范围广，可用于复杂剪切及带有分离的流动等，计算精度优于 RNG k-ε 模型

模型	功能及主要适用范围
标准 $k\text{-}\omega$ 模型	模拟近壁面边界层和自由剪切流动时性能更好，可用于模拟空气动力学中的流动
大涡模拟(LES)模型	目前只能模拟瞬态的大尺度涡，是计算流体力学研究和应用的热点之一
Reynolds 应力模型	模型考虑了旋转流动及流动方向表面曲率变化的影响，适合复杂三维流动

基于以上对比，Realizable $k\text{-}\varepsilon$ 模型在模拟含有射流和混合流的自由流动、管道内流动、边界层流动以及带有分离的流动中具有优势，本节模拟对象不仅包括翅片管内的低温介质流流动，还包括翅片管外气流的流动，因此本节选用 Realizable $k\text{-}\varepsilon$ 模型。使用 Fluent 软件中的 Realizable $k\text{-}\varepsilon$ 湍流模型时，需设置 Turbulence Length Scale（湍流尺度）、Turbulent Dissipation（湍流耗散率）、Turbulence Kinetic Energy（湍动能）等参数。湍流尺度 l 受特征尺寸 D 所限制，与携带湍流能量的大涡尺度有关，用式(3.32)进行计算：

$$l = 0.07D \tag{3.32}$$

式中，D 为水力直径，对于横截面非圆形的管道，$D = 4A/C$，A 为横截面面积，C 为周长。

湍流强度 I 表征湍流强弱，在数值上等于湍流脉动速度与平均速度的比值。一般来说，$I \leqslant 1\%$ 为低强度湍流；$I \geqslant 10\%$ 为高强度湍流，用式(3.33)进行计算：

$$I = 0.16\left(Re_D\right)^{-1/8} \tag{3.33}$$

式中，Re_D 为按水力直径 D 计算得到的雷诺数。

通常用湍流动能在单位质量流体和单位时间内损耗的量来衡量湍流耗散率 ε，定义为在分子黏性作用下，通过内摩擦将湍动能转化为分子运动动能的速率，用式(3.34)进行计算：

$$\varepsilon = C_\mu^{0.75} \frac{k^{1.5}}{l} \tag{3.34}$$

式中，C_μ 为经验常数，通常湍流模型中近似取 0.09。

湍流动能 k 是湍流速度涨落方差与流体质量乘积的 1/2，是湍流混合能力、发展或衰退的量度，用式(3.35)进行计算：

$$k = \frac{3}{2}(uI)^2 \tag{3.35}$$

式中，u 为平均速度。

3.4.6　边界条件设定

对于任何类型的 Fluent 问题，都需要有边界条件，若是瞬态模拟，则还需要给定初始条件。边界条件是 Fluent 软件模拟计算有确定解的必要条件，如果边界条件设置不合理，就会导致计算不收敛、计算失败或者计算结果不精确等问题。Fluent 软件中的边界条件主要有内部表面边界条件(风扇、散热器、多孔跳跃等)、壁面条件(壁面、对称、周期和轴)、内部单元区域条件(流体和固体)、进出口边界条件(速度、质量流量、压力远场、通风口等)等。

本例需要设定的边界条件有进出口边界条件、壁面条件和内部单元区域条件，固体部分介质为铝合金，流动介质为气流和低温介质，环境温度为 300K。低温介质采用速度入口和压力出口边界条件。气流和低温介质与翅片管间的接触面都在前处理器中设置为流固耦合传热面。低温介质和气流与翅片表面竖直平行的两个侧面为对称边界条件。气流从上侧和外侧两个入口流入，为压力入口边界条件，气流从底部流出，为压力出口边界条件，翅片管上下两个端面为对流换热壁面，对流换热系数由大空间自然对流传热的实验关联式[12]计算得到。翅片管表面流场数值模拟边界条件设定如图 3.17 所示。

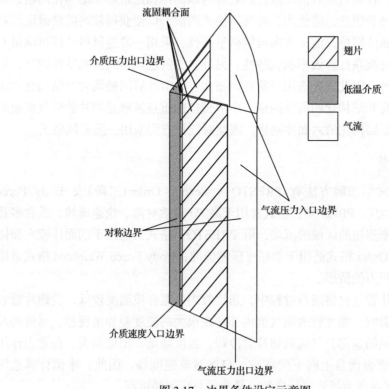

图 3.17　边界条件设定示意图

3.4.7 算法及控制方程离散

1. 压力耦合方程

计算流体动力学软件自带求解算法，如 Fluent 软件中有 SIMPLE、SIMPLER、SIMPLEC 及 PISO 等常用的压力耦合方程求解算法。SIMPLE 算法是 Fluent 软件中的默认算法，使用最为广泛，也是 SIMPLE 系列算法的基础；SIMPLER 算法计算压力场效率和精度均较高，在求解动量方程时有较大优势；SIMPLEC 算法对简单的问题收敛非常迅速，计算效率与 SIMPLER 算法相当；PISO 算法更适用于非定常流动问题中斜度高的网格。

本例选择 SIMPLEC 算法进行计算，松弛因子为 Fluent 软件默认值。

2. 对流插值

很多流体动力学软件都会为用户提供多种离散格式，如 Fluent 软件有中心差分格式、混合格式、一阶迎风格式、二阶迎风格式、Quick 格式等。使用最普遍的是一阶迎风格式，与二阶迎风格式相比，其收敛效果更好，迭代次数更少，但精度相对较低，容易造成数值耗散，因此针对四面体和三角形非结构化网格，流动方向与网格呈非线性，应使用二阶迎风格式离散，以便获得较高的精确度。对于结构化的六面体网格，流动方向与网格呈线性，采用一阶迎风格式即可满足其计算精度，且可提高计算效率和收敛性。另外，二阶迎风格式虽然精度较高，但仍有假扩散问题，因此优先选用一阶迎风格式。本节计算网格既含有结构化六面体网格，又含有非结构化四面体网格，本节模拟的重点区域是翅片管外气流流场区域，该区域是结构化的六面体网格，因此对能量方程采用一阶迎风格式。

3. 压力插值

压力插值常用求解方法有 PRESTO!、Second Order（二阶）及 Body Force Weighted（体积力）。PRESTO! 格式常用于高 Ra 自然对流、快速旋转，或含多孔介质的流动和剧烈扭曲区域的流动，但 PRESTO! 格式只适用于四面体或六面体网格；Second Order 格式适用于单相可压缩流动；Body Force Weighted 格式适用于具有较大体积力的情形。

空温式翅片管气化器运行过程中，翅片管内低温介质温度较低，受翅片管管内低温介质的影响，翅片管表面气流内部存在很大的温度差和密度差，靠近翅片管表面参与换热的这部分气流被翅片管冷却，温度降低，密度增大，在重力作用下形成沿翅片管表面自上向下的高 Ra 自然对流速度场。因此，本例计算选用 PRESTO! 格式对压力插值进行离散，易收敛且求解精度高。

3.4.8　收敛准则及计算情况

Fluent 软件的帮助文件中对收敛有比较详细的描述,Fluent 软件计算是否收敛并没有统一的判断标准, 大部分用户以计算结果的残差曲线作为标准来判断计算收敛与否。本节在 Fluent 软件计算过程中, 定义当连续性方程、动量方程及湍流方程残差曲线小于 10^{-4}, 能量方程残差曲线小于 10^{-5} 时计算收敛, 同时监测气流压力进出口边界的质量流量或气流压力出口边界的热流量变化情况作为计算是否收敛的第二标准, 若各进出口质量流量及边界热流量不再随着迭代次数的增加而发生变化, 则认为计算收敛。

如果计算不收敛, 需做三个方面的检查:①网格问题, 针对复杂的几何模型, 若干分块画网格时相邻网格尺寸差别太大, 容易造成计算中连续性方程不收敛或残差很大;②边界条件和初始值的设置问题, 边界条件设置要合理, Fluent 软件中有些默认设置并不符合用户的计算模型, 如 Fluent 软件中计算二维问题默认宽度为无穷大、速度入口条件不适用于可压缩流动等;③设置松弛因子, Fluent 软件中松弛因子有默认值, 一般情况下是可以用的, 如果计算过程中出现连续性问题, 可通过改变松弛因子的值来解决收敛问题, 但收敛速度会减缓。

本例在计算过程中发现, 计算结果在迭代 1500 步后仍不收敛, 将密度欠松弛因子由软件默认的 1 调至 0.8、将动量欠松弛因子由软件默认的 0.7 调至 0.5、将湍流耗散由软件默认的 0.8 调至 0.6 后, 计算约 280 步收敛, 随后在计算过程中将各项欠松弛因子逐步调高。

3.4.9　数值模拟结果及分析

1. 翅片管气化器表面温度场分布

1)单液相段翅片管表面温度场分布

图 3.18 为单液相段翅片管表面空气气流温度场分布云图, 翅片管长 900mm, 外径为 25mm, 管壁厚 2mm, 翅片厚 1.5mm, 夹角为 45°, 翅片高 45mm, 翅片端部以外空气气流区域长度为 45mm。翅片管内低温液体与翅片管外空气气流呈逆流换热方式。图3.18(a)为两翅片夹角中心位置空气气流的轴向截面温度分布云图, 图 3.18(b)为翅片管不同高度处空气气流的径向截面温度分布云图。

由图 3.18 可以看出, 在近壁面区域, 空气气流温度沿翅片管径向分布不均匀, 在124.8～300K, 最小值在贴近基管表面位置, 越靠近翅片管壁面, 温度等值线越密集, 换热热流密度越大, 在远壁面区域, 空气气流温度均在 284.1～300K, 图中温度等值线无明显分布, 说明翅片管表面自然对流换热主要集中在近壁面区域。此外, 单液相段翅片管表面空气气流温度在近壁面区域较低, 且低于水的三相点温度。因此, 在气化器运行过程中, 当水蒸气遇到温度低于三相点的翅片管表面

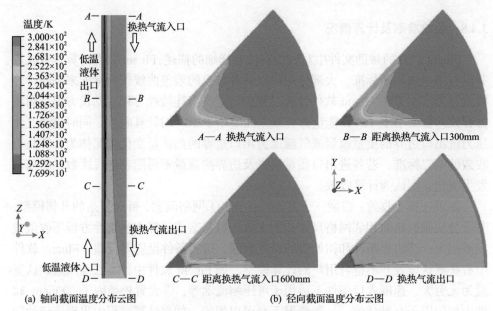

(a) 轴向截面温度分布云图　　　　　　　(b) 径向截面温度分布云图

图 3.18　单液相段翅片管表面空气气流温度场分布云图

时，就会出现结霜现象。

由轴向截面温度分布云图可以看出，沿空气气流流动方向，温度等值线间距逐渐减小，换热热流密度增大。在截面 A—A 上，即空气气流入口处，翅片管表面空气气流温度等值线间距较大，分布较稀疏；与截面 A—A 相比，截面 B—B 上的翅片管表面空气气流温度等值线间距在近壁面区域有所减小，284.1K 温度等值线无明显变化；截面 C—C 上的翅片管表面空气气流温度等值线间距较密集，284.1K 温度等值线移向空气气流边界处；在截面 D—D 上，即空气气流出口处，温度等值线紧密地分布在翅片表面。由此可见，沿空气气流流动方向，越靠近翅片管低温液体入口处，翅片管表面与空气气流间温度等值线越密集，表面自然对流换热程度越强。

2) 单气相段翅片管表面温度场分布

单气相段翅片管外空气气流温度分布不明显，因此忽略翅片管内低温气体和翅片管的温度分布云图，只分析空气气流的温度场分布云图，如图 3.19 所示。图 3.19(a) 为两翅片夹角中心位置空气气流的轴向截面温度分布云图，图 3.19(b) 为沿翅片管每隔 300mm 处空气气流的径向截面温度分布云图。

由图 3.19 可以看出，相比于单液相段，单气相段翅片管外近壁面区域空气气流温度变化较小，仅在翅片管入口近壁面区域有所变化，说明在单气相段，翅片管外侧整体换热强度不高。

在截面 A—A 上，即空气气流入口处，翅片管表面空气气流温度为 297.7~

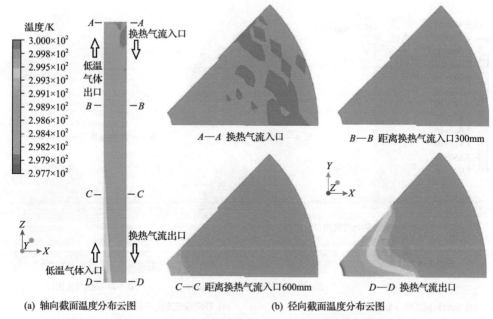

(a) 轴向截面温度分布云图　　　　　　　(b) 径向截面温度分布云图

图 3.19　单气相段翅片管表面空气气流温度场分布云图

300K；与截面 A—A 相比，截面 B—B 上的翅片管表面空气气流温度有所减小；截面 C—C 上的翅片管表面空气气流温度在近壁面处有明显降低（低至 299.5K）；在截面 D—D 上，即空气气流出口处，翅片管表面空气气流温度在近壁面处呈明显分区状，且在贴近翅片管基管位置温度低至 297.7K。这是由于在单液相段，翅片管内的低温液体自下向上流动通过翅片管与周围空气气流换热，翅片管内低温液体逐步吸热气化，沿着管长方向气相温度逐渐升高，对应翅片管外空气气流温度逐渐降低，故单气相段表面自然对流换热程度较弱。

2. 翅片管气化器表面速度场分布

1) 单液相段翅片管表面速度场分布

相比于翅片管内低温液体流速，翅片管外空气气流速度较小，因此依然忽略翅片管内低温液体和翅片管，只分析空气气流的速度分布云图，如图 3.20 所示。图 3.20(a) 为两翅片夹角中心位置空气气流的轴向截面速度分布云图，图 3.20(b) 为翅片管不同高度处空气气流的径向截面速度分布云图。

由图 3.20 可以看出，在单液相段，沿翅片管径向，越靠近翅片管流速越高，空气气流流动越明显，但紧贴壁面处空气气流流速很小，流速最大值出现在两翅片夹角中心区域。在截面 A—A 上，即空气气流入口处，翅片管外空气气流速度场呈现很细碎的层状，流速较大，最大流速为 0.956m/s；与截面 A—A 相比，截面 B—B 上的翅片管表面空气气流速度有所减小，最大流速为 0.8604m/s，依然出

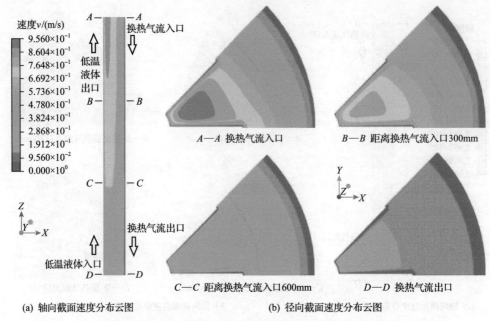

(a) 轴向截面速度分布云图　　　　　　(b) 径向截面速度分布云图

图 3.20　单液相段翅片管表面空气气流速度场分布云图

现在两翅片夹角中心区域；截面 C—C 上的翅片管表面空气气流速度较低，最大流速为 0.5736m/s，出现在两翅片夹角的整个区域；在截面 D—D 上，即空气气流出口处，空气气流流速分为非常明显的 3 个区域，最大流速依然出现在两翅片夹角中心区域，为 0.02868m/s。由此可见，沿翅片管轴向空气气流流动方向，越靠近翅片管低温液体入口处，空气气流流速越小，流动越不明显。深冷翅片管气化器运行过程中，翅片管内低温液体沿着管长方向流动吸热，使自身温度逐渐升高，翅片管外空气气流温度由环境温度降至与翅片管表面相对应的温度，空气气流内部分子间产生温度差和密度差，受重力和温差影响，空气气流开始流动。另外，在空气气流入口位置，空气气流最先由环境温度接触到温度较低的翅片管表面，沿着空气气流流动方向，空气气流内部分子间的温度差和密度差越来越小，空气气流流动越来越微弱。

2) 单气相段翅片管表面速度场分布

图 3.21 为空温式翅片管气化器单气相段翅片管表面空气气流速度场分布云图。云图布置与单液相段速度云图相同，不再赘述。

由图 3.21 可以看出，相比于单液相段，翅片管外空气气流流速较小，最大值仅为 0.05848m/s，且最大流速出现在空气气流出口两翅端连线的中心位置，空气气流流动较微弱。在截面 A—A 上，即空气气流入口处，空气气流流速处于整个空气气流流速最低的 3 个区域，最大流速仅为 0.01754m/s；与截面 A—A 相比，截面 B—B 上的翅片管表面空气气流速度有所增加，最大流速出现在两翅端连线的中心位置，为 0.04678m/s；截面 C—C 上的翅片管表面空气气流速度场呈现很

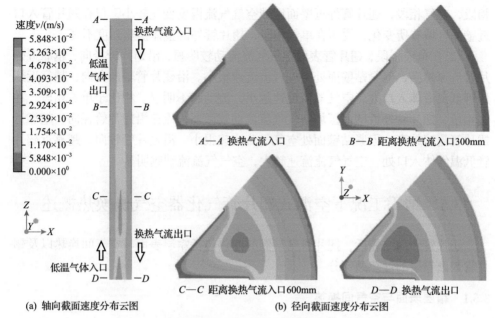

(a) 轴向截面速度分布云图　　　　　　(b) 径向截面速度分布云图

图 3.21　单气相段翅片管表面空气气流速度场分布云图

细碎的层状，并在两翅端连线的中心位置出现很明显的圆形区域，该区域为整个 C—C 横截面的最大流速范围（0.05263～0.05848m/s）；在截面 D—D 上，即空气气流出口处，翅片管表面空气气流速度场分布较明显，最大值为 0.05848m/s，在两翅端连线的中心位置。说明沿着翅片管轴向空气气流流动方向，越靠近翅片管低温气体入口处，空气气流流动越明显。深冷翅片管气化器运行过程中，受翅片管内低温气体温度的影响，翅片管表面空气气流内部分子间产生温度差和密度差，受温差驱动，空气气流开始流动。对比图 3.20 可知，在截面 A—A 上，即翅片管外空气气流入口处，空气气流内部分子间的温度差较小，空气气流流动不明显；在截面 D—D 上，即翅片管外空气气流出口处，空气气流内部分子间的温度差较大，空气气流流动较明显。因此，沿着翅片管外空气气流流动方向，空气气流内部分子间的温度差越来越小，空气气流流动越来越微弱。

　　综上所述，低温介质在深冷翅片管气化器内气化经历单液相-气液两相-单气相三个换热段，翅片管表面流场分布也应按管内单液相段、气液两相段和单气相段分别进行数值研究。本例重点对单液相段和单气相段翅片管表面空气气流温度场和速度场进行研究，得出以下结论：

　　（1）在单液相段，翅片管表面空气气流温度沿翅片管径向分布不均匀，越靠近翅片管壁面，温度等值线分布越密集，换热热流密度越大，即翅片管表面自然对流换热主要集中在近壁面区域。沿翅片管轴向方向，越靠近翅片管低温液体入口处，空气气流温度等值线分布越密集，表面自然对流换热程度越强。相比于单液相段，在气相段，翅片管外近壁面区域空气气流温度变化较小，仅在翅片管入口近壁面区域有所变化，说明在单气相段，翅片管外侧整体换热强度不高。

(2)在单液相段，翅片管表面空气气流流动较明显，沿翅片管径向，越靠近翅片管流速越高，但紧贴壁面处空气气流流速很小。沿翅片管轴向方向，越靠近翅片管低温液体入口处，空气气流流速越小，流动越不明显。相比于单液相段，在气相段，翅片管外近壁面区域空气气流流动较微弱，流速沿翅片管径向，越靠近翅片管流速越高，但紧贴壁面处空气气流流速很小。沿翅片管轴向，越靠近翅片管低温气体入口处，空气气流流速越大，空气气流流动越明显。

3.5　结霜工况下空温式翅片管气化器空气侧换热概述

翅片管表面结霜后，翅片管空气侧的换热包括霜层表面与空气间换热以及翅片管表面霜层的导热两部分。

3.5.1　霜层表面与空气间换热

1. 霜层表面与空气间自然对流换热

结霜工况下，湿空气进入霜层的总传热量为

$$q_{fo} = q_{foc} + q_{for} \tag{3.36}$$

式中，q_{fo} 为湿空气进入霜层的总传热量，W/m^2；q_{foc} 为霜层表面与空气间的自然对流换热量，W/m^2；q_{for} 为霜层表面与空气间的辐射换热量，W/m^2。

霜层表面与空气间的自然对流换热量为

$$q_{foc} = h_{foc}(t_a - t_{frost}) \tag{3.37}$$

式中，t_a 和 t_{frost} 分别为大气环境温度和霜层表面温度，℃；h_{foc} 为霜层表面自然对流换热系数，$W/(m^2 \cdot K)$，可表示为

$$h_{foc} = \frac{Nu\,\lambda}{l} \tag{3.38}$$

式中，Nu 为湿空气努塞特数；λ 为空气导热系数，$W/(m \cdot K)$；l 为定型尺寸，这里取翅片管长度，m。

霜层表面与空气之间的换热除了自然对流换热以外，霜层表面温度较低，依然会与周围空气发生辐射换热。

2. 霜层表面与空气间辐射换热

因霜层表面温度低于环境温度，大气环境通过辐射换热将一部分热量传递给

霜层表面。霜层表面与大气的辐射换热可以简化为两无限大平板之间的热辐射，辐射换热热流密度计算式[1]为

$$q_{\text{for}} = \frac{C_{\text{b}} \left[\left(\dfrac{T_{\text{a}}}{100} \right)^4 - \left(\dfrac{T_{\text{frost}}}{100} \right)^4 \right]}{\dfrac{1}{\varepsilon_{\text{a}}} + \dfrac{1}{\varepsilon_{\text{frost}}} - 1} \tag{3.39}$$

式中，T_{a}、T_{frost} 分别为环境空气与霜层表面的温度，K；ε_{a}、$\varepsilon_{\text{frost}}$ 分别为环境空气与霜的发射率。

引入温度差 $T_{\text{a}} - T_{\text{frost}}$，用对流换热牛顿冷却公式的形式改写辐射换热热流密度，则式(3.39)可写为

$$q_{\text{for}} = \frac{C_{\text{b}} \left[\left(\dfrac{T_{\text{a}}}{100} \right)^4 - \left(\dfrac{T_{\text{frost}}}{100} \right)^4 \right]}{\left(\dfrac{1}{\varepsilon_{\text{a}}} + \dfrac{1}{\varepsilon_{\text{frost}}} - 1 \right) (T_{\text{a}} - T_{\text{frost}})} (T_{\text{a}} - T_{\text{frost}}) = h_{\text{for}} (T_{\text{a}} - T_{\text{frost}}) \tag{3.40}$$

式中，h_{for} 为结霜工况下霜层表面与大气环境间的辐射表面传热系数，$\text{W}/(\text{m}^2 \cdot \text{K})$，即

$$h_{\text{for}} = C_{\text{b}} \frac{T_{\text{a}}^4 - T_{\text{frost}}^4}{\left(\dfrac{1}{\varepsilon_{\text{a}}} + \dfrac{1}{\varepsilon_{\text{frost}}} - 1 \right) (T_{\text{a}} - T_{\text{frost}})} \times 10^{-8} \tag{3.41}$$

3. 霜层表面与空气间复合换热系数

霜层表面与空气间的复合换热可以用复合换热系数表示，即

$$h_{\text{foz}} = h_{\text{foc}} + h_{\text{for}} \tag{3.42}$$

式中，h_{foz} 为霜层表面与空气间的表面复合换热系数，$\text{W}/(\text{m}^2 \cdot \text{K})$。

3.5.2　翅片管表面霜层的导热

若霜层的厚度记为 δ_{frost}，霜层导热系数记为 λ_{frost}，则霜层的导热热阻为

$$R_{\text{frost}} = \frac{\delta_{\text{frost}}}{\lambda_{\text{frost}}} \tag{3.43}$$

式中，R_{frost} 为霜层的热阻，$(\text{m}^2 \cdot \text{K})/\text{W}$。

综上所述，结霜后翅片与空气间的换热系数可以用式(3.44)表示：

$$h_{fo} = \frac{1}{\dfrac{1}{h_{foz}} + \dfrac{\delta_{frost}}{\lambda_{frost}}} \tag{3.44}$$

式中，h_{fo} 为结霜后翅片表面与空气间的表面换热系数，$W/(m^2 \cdot K)$。

3.6　结霜工况下空温式翅片管气化器表面气流流动换热特性实验

3.6.1　实验装置

设计并搭建结霜工况下深冷翅片管表面气流传热特性实验台如图 3.22 所示。其中，图 3.22(a)为实验系统示意图，图 3.22(b)为测量系统布置图。

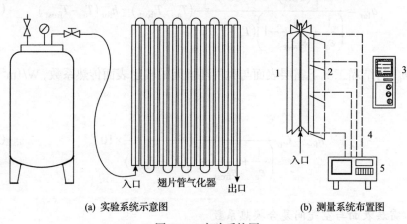

(a) 实验系统示意图　　　　　　　　(b) 测量系统布置图

图 3.22　实验系统图

1-翅片管气化器的第一根翅片管；2-刻度带；3-PH-Ⅱ手持式气象站；4-铂电阻温度传感器；5-智能温度巡检仪

整个系统主要包括自增压液氮储罐、深冷翅片管气化器和数据采集系统，实验设备及环境主要参数如表 3.8 所示，实验介质为液氮。液氮由容积为 110L 的自增压液氮储罐途经软管进入翅片管气化器，在翅片管气化器内吸热气化后排出。翅片管气化器与周围气流自然对流换热，翅片管表面温度较低，气流中的水蒸气遇冷凝结在翅片管表面形成霜层。

表 3.8　实验设备及环境主要参数

项目名称	参数指标	数值
自增压储罐 YDZ-100	几何容积/L	110

续表

项目名称	参数指标	数值
单根翅片管	翅片管长度/mm	900
	翅片管外径/mm	25
	翅片高度/mm	45
	翅片厚度/mm	1.5
	翅片夹角/(°)	45
PH-Ⅱ手持式气象站	温度/℃	−50∼80
	相对湿度/%	0∼100
环境参数	温度/℃	26.6
	湿度/%	53.9
	大气压力/Pa	843.15

3.6.2　实验方法

　　本实验测量参数包括霜层厚度、气流温度、相对湿度、风速和大气压力。实验选用的气化器有 12 根翅片管，翅片管与翅片管之间用 U 型管相连接，每根翅片管长度为 900mm。选用刻度带测量气化器第一根翅片管表面霜层厚度，沿管内低温液体走向，每隔 300mm 在翅尖布置一个测量点，共有 4 个测量点，具体位置如图 3.23(a)所示。实验开始前，先用酒精清洗测量位置，将 4 条刻度带的 0 点对准 4 个测量位置的翅尖中心，然后将其固定，如图 3.23(b)所示。实验开始后，前 5min 内每隔 1min 记录一次霜层厚度，之后每隔 5min 记录一次，直至霜层厚度保持稳定后停止霜层厚度数据记录。

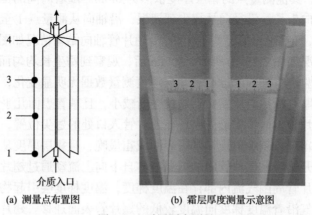

(a) 测量点布置图　　　　　　(b) 霜层厚度测量示意图

图 3.23　霜层厚度测量

PH-Ⅱ手持式气象站能同时测量温度、相对湿度、风速和大气压力四项参数，因此选用 PH-Ⅱ手持式气象站测量气流参数，如图 3.24 所示，其风速测量精度为 ±0.3m/s，大气压力测量精度为±0.3hPa。每根翅片管有 8 根翅片，选取气化器第一根翅片管相邻两翅片所夹区域为测量范围，沿管长方向，每隔 300mm 布置一个测量点，共有 4 个测量点，具体位置如图 3.24 (a)所示。实验开始后，每隔 5min 记录一次，待实验测量数据无明显变化后停止数据记录。

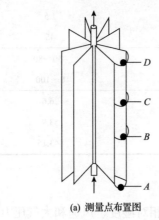

(a) 测量点布置图　　　　　　　(b) 气流参数测量示意图

图 3.24　气流参数测量

3.6.3　实验结果分析

1. 翅片管表面结霜过程分析

实验开始后，最先观察到测量点 1(翅片管入口 0m 处翅尖位置)的成霜现象，霜晶呈针状和树枝状附着在翅尖，易吹落。1min 时刻测得测量点 1 的霜层厚度为 0.4mm，此时，其他测量点的霜层厚度依然为 0mm。随着时间的推移，霜沿径向和轴向两个方向生长，沿径向从翅尖到翅根，沿轴向从测量点 1 至测量点 4 依次出现成霜现象，且霜生长情况均不相同，沿翅片管轴向结霜情况如图 3.25 (a)所示，沿径向结霜情况如图 3.25 (b)所示。30min 后，观察到霜生长均匀而缓慢，霜孔隙逐渐减小。实验进行到 60min 时，霜层厚度测量数据无明显变化，并出现霜晶掉落现象，霜层厚度沿径向从翅尖到翅根逐渐减小，且基管表面几乎无霜生成。

可见，翅片管表面结霜最先出现在翅片管入口处的翅尖位置，沿翅片管径向越靠近翅根结霜现象越晚出现，基管表面成霜最晚，且霜层厚度从翅尖到翅根逐渐减小。实验开始后，翅片管内的低温液体自下向上流动通过翅片管吸收周围气流的热量，翅片管周围气流内部存在温度梯度，温度梯度会引起物质迁移，因此气流中的水蒸气沿着温度梯度向温度较低的翅片管表面迁移。翅片管入口翅尖位置温度较低，与气流间温差较大，水蒸气浓度较高，相转移速率较快，因此最先结霜。随着时间的推移和传热的进行，沿翅片管径向和轴向两个方向依次出现成

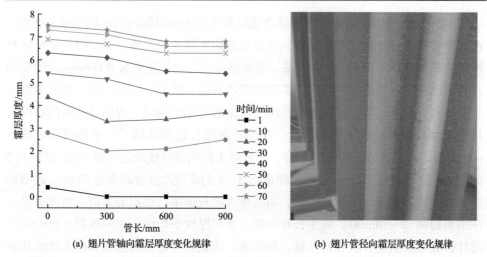

(a) 翅片管轴向霜层厚度变化规律　　　　　(b) 翅片管径向霜层厚度变化规律

图 3.25　霜层生长示意图

霜现象。增加翅片高度会提高换热量，但超过一定值会降低翅片效率，因此可在考虑翅片效率的基础上适当增加气化器第一根翅片管的翅片高度，以延缓翅片管表面霜层出现。

2. 霜层厚度实验结果及分析

图 3.26 为不同测量点处霜层厚度随时间变化曲线。图中，曲线序号是按管内低温液体走向排列的，曲线 1 是气化器第一根翅片管入口处翅尖位置霜层厚度变化曲线，曲线 4 是气化器第一根翅片管出口处翅尖位置霜层厚度变化曲线。实验进行到 70min 左右，出现霜晶掉落现象，停止霜层厚度数据记录。

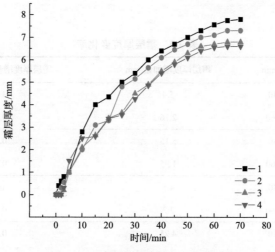

图 3.26　霜层厚度随时间变化曲线

由图 3.26 可以看出，所有测量点霜层厚度在不同时间段有不同的增长速率。在实验开始 30min 内，所有曲线均呈现出大幅度增长的趋势，霜层厚度增加量和增长速率经分析列于表 3.9 中，霜层厚度整体平均增长速率为 0.16mm/s，说明翅片管表面霜生长处于初期阶段，霜层厚度增长速率较大。30min 后，所有曲线的变化均趋于平缓，霜层厚度整体平均增长速率为 0.07mm/s，说明这一时间段内翅片管表面霜生长进入了中期阶段，霜层厚度增长速率达到了一个相对稳定值。60min 后，所有曲线趋势几乎不变，测量点 1 的霜层厚度高达 7.56mm，测量点 2 的霜层厚度保持在 7.1mm 左右，测量点 3、4 的霜层厚度逐渐靠近 7mm，说明翅片管表面霜生长进入了后期阶段，霜层厚度增长速率已达到最大值。由此可见，在结霜初期(0～30min)，霜生长较迅速，霜层厚度平均增长速率达到 0.16mm/s，翅片管表面霜晶呈针状和树枝状，易吹落，因此可考虑利用侧吹风技术吹落初始霜晶，以提高翅片管换热效率；在结霜中期(30～60min)，霜生长均匀并逐渐趋于平缓，霜密度逐渐增大，霜层厚度增长速率低至 0.07mm/s；在结霜后期(>60min)，霜层厚度不再增加，出现霜晶掉落现象。冷表面温度变化幅度越大，结霜速率越大，冷表面温度越低，霜层越厚。实验系统启动后，翅片管由刚开始的环境温度骤然降至与管内介质相对应的温度，翅片管与周围气流温差较大，管外气流换热强度较大，霜生长较迅速，霜层厚度增长速率较大。在 30～60min，翅片管内低温介质的平均温度逐渐升高，翅片管与周围气流温差逐渐减小，使得霜生长逐渐趋于平缓，霜层厚度增长速率减小。60min 后，霜覆盖了整个翅片，且拥有了一定的厚度，增加了气流与翅片管表面间的传热热阻，翅片管表面与周围气流的温差较小，管内低温介质与管外气流换热强度较小，因此霜层厚度增加不再明显。

表 3.9　霜层厚度变化率

测量点	时间/min	霜层厚度增加量/mm	霜层厚度增长速率/(mm/s)
1	0～30	5.4	0.18
	30～60	2.16	0.072
2	0～30	5.15	0.172
	30～60	1.95	0.065
3	0～30	4.5	0.15
	30～60	2.2	0.073
4	0～30	4.25	0.142
	30～60	2.3	0.076

3. 翅片管表面气流换热特性分析

实验开始前,利用 PH-Ⅱ 手持式气象站测量的气流各参数分别为:温度 26.6℃、相对湿度 48.2%、大气压力 843.15Pa、风速 0m/s。实验开始后, 翅片管表面气流的温度和相对湿度一直在变化,大气压力一直保持在 843.15Pa, 风速保持为 0m/s。由 PH-Ⅱ 手持式气象站的精度可知, 在自然对流深冷翅片管表面结霜过程中, 翅片管表面气流压力变化幅度在 ±0.3hPa, 流速小于 0.3m/s。

1) 气流温度变化及分布

翅片管表面气流温度变化曲线如图 3.27 所示。其中, 图 3.27(a) 为气流温度随时间变化曲线,图 3.27(b) 为气流温度在不同时间段内的下降幅度。由图 3.27(a) 可以看出, 在整个实验过程中, 气流温度随时间的增加呈现明显下降的趋势, 且曲线较光滑。翅片管内的低温液体自下向上流动, 通过翅片管与表面气流流动换热, 传热过程使翅片管外气流温度分布呈现出沿翅片管轴向自上向下逐渐降低的规律。另外, 换热过程不仅与温度有关, 还与低温液体和气流的流量有关, 实验环境处于大空间, 翅片管内低温液体流量为定值, 而气流流量较充足, 因此气流温度随时间变化曲线更平缓。

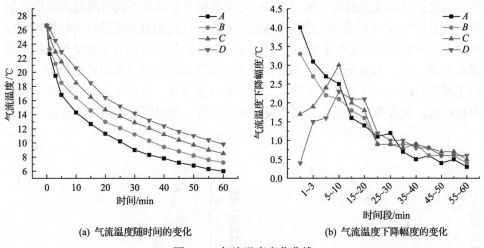

(a) 气流温度随时间的变化　　　　　　(b) 气流温度下降幅度的变化

图 3.27　气流温度变化曲线

同时, 由图 3.27(b) 可以看出, 不同位置气流温度下降幅度不同,同一位置气流温度在不同时间段内的下降幅度也不同。实验开始 1min 内, 沿管长方向测量点的温度下降幅度依次减小, 测量点 A 的温度下降幅度最大, 为 4℃, 测量点 D 的温度下降幅度最小, 为 0.4℃。随着时间的推移, 曲线 A、B 呈现出温度下降幅度不断减小的趋势, 曲线 C、D 呈现出温度下降幅度先增大后减小的趋势。

曲线 A、B 从一开始, 温度下降幅度较大, 随着时间的增加, 温度下降幅度逐渐减小，说明翅片管(0～300mm)表面气流在实验开始时的换热强度较大，随着时间的推移，换热强度逐渐减小。实验开始后，曲线 C、D 的温度下降幅度逐渐增大，说明翅片管(600～900mm)在实验开始时的换热强度较弱，随着时间的推移，换热逐渐加强，在 15min 后，温度下降幅度开始减小，说明换热强度开始减小。在 30～60min(结霜中期)，所有曲线温度下降幅度均趋于稳定，说明整个翅片管表面气流换热强度也达到了稳定。这是由于在结霜初期，翅片管(0～300mm)温度最先由环境温度 26.6℃ 降至与翅片管内低温介质相对应的温度，下降幅度较大，因此换热强度较强。翅片管(600～900mm)温度下降时间最晚，且降幅最小，故换热强度较弱。随着换热过程的进行，翅片管(0～300mm)表面气流温度下降幅度逐渐减小，换热强度逐渐减小。而同一时间，翅片管(600～900mm)还处于冷却过程中，翅片管与表面气流间的温差逐渐增大，故气流温度下降幅度逐渐增大，换热逐渐加强。随着翅片管冷却过程的完成，翅片管(600～900mm)表面气流温度下降幅度逐渐减小，故换热强度开始减小。在结霜中期，虽然霜层的存在增加了气流与翅片管间的传热热阻，但水蒸气相变结霜释放了相变潜热，故换热强度逐渐趋于稳定。

2)气流相对湿度变化及分布

翅片管表面气流相对湿度变化曲线如图 3.28 所示。其中，图 3.28(a)为气流相对湿度随时间变化曲线，图 3.28(b)为气流相对湿度在不同时间段内的增长幅度。由图 3.28(a)可以看出，在整个实验过程中，气流相对湿度随时间的增加均呈现明显上升的趋势。实验系统运行 15min 后，测量点 D 的相对湿度变化曲线在测量点 C 的上方，其他测量点的相对湿度变化曲线依然呈现缓慢增长的趋势。这是由于系统启动后，气流与翅片管表面间开始对流换热，使得气流温度降低，相对湿度增大。随着换热的进行，气流温度继续降低，相对湿度逐渐增大接近 96%，

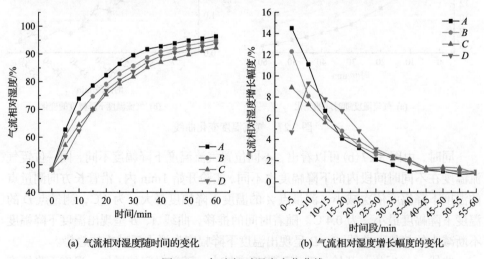

(a) 气流相对湿度随时间的变化　　　　　(b) 气流相对湿度增长幅度的变化

图 3.28　气流相对湿度变化曲线

含湿量因相变结霜而减小，完成气流的冷却减湿过程。相比于测量点 C，测量点 D 与气流的接触面更大，故随着换热进行到 15min 后，测量点 D 的相对湿度随时间变化曲线在测量点 C 的上方。

由图 3.28(b)可以看出，气流相对湿度增长幅度总体呈现减小的趋势，在不同时间段内减小趋势不同。系统运行 0～5min，测量点 A 的相对湿度增长幅度最大，为 14.5%；测量点 D 的相对湿度增长幅度最小，为 4.7%。系统运行 5～10min，测量点 D 的相对湿度增长幅度有所增加(9.3%)，其余测量点的相对湿度增长幅度均有所减小。系统运行 10min 后，所有测量点的相对湿度增长幅度逐渐减小。在 30～60min(结霜中期)，所有曲线相对湿度增加幅度均趋于稳定。可见，在气化器翅片管表面结霜过程中，气流相对湿度在 0～30min(结霜初期)迅速增加，增长幅度不断变化，气流与翅片管表面间的对流换热较强；在 30～60min(结霜后期)变化较慢，气流相对湿度逐渐接近饱和线，气流与翅片管表面间的对流换热趋于稳定。翅片管表面气流相对湿度增长幅度受温度影响较大，在结霜初期，气流温度变化幅度较大，水蒸气迁移速度快，浓度高，翅片表面霜层生长迅速，气流与翅片管表面间的对流换热较强。在结霜后期，整个系统逐渐接近平衡状态，霜生长过程逐渐趋于平缓，故气流相对湿度增加幅度趋于稳定，整个翅片管表面气流换热强度趋于稳定。

参 考 文 献

[1] 章熙民, 任泽霈, 梅飞鸣. 传热学[M]. 5 版. 北京: 中国建筑工业出版社, 2007.

[2] 陈国邦, 包锐, 黄永华. 低温工程技术-数据卷[M]. 北京: 化学工业出版社, 2006.

[3] Wilcox D C. Turbulence Modeling for CFD[M]. Rio Verde: DCW Industries, Inc. , 1993.

[4] 张建文, 孙艳云, 江裕, 等. 空浴式翅片管气化器传热性能数值研究研究进展[J]. 低温与超导, 2016, 44(11): 75-79.

[5] 李进良, 李承曦, 胡仁喜, 等. 精通 FLUENT6.3 流场分析[M]. 北京: 化学工业出版社, 2009.

[6] 唐家鹏. FLUENT 14.0 超级学习手册[M]. 北京: 人民邮电出版社, 2013.

[7] 孙启迪. 开架式气化器表面结冰传热数值模拟[D]. 兰州: 兰州理工大学, 2016.

[8] 王福军. 计算流体动力学分析: CFD 软件原理与应用[M]. 北京: 清华大学出版社, 2004.

[9] 常智新. 空温式翅片管气化器传热特性研究及数值模拟[D]. 兰州: 兰州理工大学, 2011.

[10] 杨小川. 复杂热环境中大型薄壳体内的自然对流数值模拟[D]. 哈尔滨: 哈尔滨工业大学, 2008.

[11] 温正, 石良臣, 任毅如. FLUENT 流体计算应用教程[M]. 北京: 清华大学出版社, 2009.

[12] Churchill S W, Chu H H S. Correlating equations for Laminar and turbulent free convection form a vertical plate[J]. International Journal of Heat and Mass Transfer, 1975, (18): 1323.

第4章 空温式翅片管气化器低温液体侧换热

4.1 单相流体对流换热概述

单相流体的强制对流换热是各类换热器常见的换热问题,根据牛顿冷却公式,管内对流换热为

$$q_i = h_i(t_w - t_f) \tag{4.1}$$

式中,t_w 为壁面温度,℃;t_f 为低温流体温度,℃,其表达式为

$$t_f = t_w - \Delta t_m \tag{4.2}$$

其中,Δt_m 为对数平均温差,可表式为

$$\Delta t_m = \frac{\Delta t_{in} - \Delta t_{out}}{\ln(\Delta t_{in} / \Delta t_{out})} \tag{4.3}$$

管内对流换热系数为

$$h_i = \frac{Nu\lambda}{l} \tag{4.4}$$

式中,Nu 为低温流体努塞特数;λ 为低温流体导热系数,$W/(m \cdot K)$;l 为定型尺寸,这里取翅片管内径,m。

4.2 气液两相区沸腾换热概述

4.2.1 多相流理论模型简介

目前已经建立的多相流动模型主要有以下四种形式。

(1)均相流模型。假设多相流是一个整体的均匀混合物,相间没有相对滑移,则均相流模型适用于气泡流及雾状流等流型。均相流模型依据的基本假设条件为:气液两相速度相等;气液两相介质已达到热力学平衡状态,气液两相间无热量传递,而且流动介质的密度仅是压力的单值函数;可使用单相流体的摩阻计算公式计算沿程摩阻。

(2)分相流模型。假设多相流是完全分离的几种流体,相间存在不同的速度和

特性，该模型适用于分层流和环状流等流型。分相流模型依据的基本假设条件为：气相和液相的速度为恒定值，但二者速度不一定相等；气相和液相间达到热力平衡状态；可应用经验关系式或简化的概念，综合两相摩擦压降倍率和空泡份额同流体中其他的一些独立变量的关系。

(3)漂移密度模型。在分相流模型基础上，漂移密度模型重点考虑了相间的相对运动，适用于弹状流等流型。漂移密度模型又称为混合物模型，可将其看成界于均相流模型和分相流模型之间的一种处理方法。这种模型引入了气相漂移速度参数，考虑了气液两相间的滑脱作用影响，利用稳态流动的关系式计算持液率大小。该模型最初由 Zuber 和 Wallis 提出，后来由 Ishii 和其他人加以扩展。该模型考虑了两相逆向流动的情况，其主要假设是：通道壁面的剪应力可忽略不计；流动基本上是一维的。

(4)基于流型的模型。针对多相流的不同流型，先判断是哪种两相流流型，然后根据各种流型的特点建立相应的半经验公式。流型模型的处理方法能更深入地揭示两相流各种流型的流体力学特性，因此这种方法在理论界受到了重视，并取得了不少的研究成果。但由于对两相流流型的分界尚未得到完全的统一，该种模型的理论研究成果还不能普遍用于实践，因此目前在工程上使用的大多数计算模型是在实验数据的基础上确立各种流型的经验关系式。

以上各种模型为进一步建立各种具体模型提供了指导思想和理论基础。

4.2.2　两相流特性理论

1. 两相流的特性参数

1)气相和液相速度

气相速度为

$$\omega'' = \frac{V''}{A''} \tag{4.5}$$

液相速度为

$$\omega' = \frac{V'}{A'} \tag{4.6}$$

式中，ω' 和 ω'' 分别表示液相速度和气相速度，m/s；A' 和 A'' 分别表示液相和气相所占管道的横截面积，m^2；V' 和 V'' 分别表示液相和气相的容积流量，m^3/s。

上述速度常被称为各相的实际速度，然而事实上，它们是各相所占截面的平均速度，实际速度应当是各点的局部流速。

2)折算速度

为了便于研究，在两相流体动力学中常采用折算速度。折算速度，就是假定管子全部截面积只被两相混合物中的一个相占据时的流速。

气相折算速度（单位为 m/s）为

$$\omega_o'' = \frac{V''}{A} \qquad (4.7)$$

液相折算速度（单位为 m/s）为

$$\omega_o' = \frac{V'}{A} \qquad (4.8)$$

显然，折算速度必小于相应各相的速度，即 $\omega_o'' < \omega''$，$\omega_o' < \omega'$。

3)两相混合物速度

两相混合物速度又称流量速度（单位为 m/s），它表示两相混合物在单位时间内流过截面的总容积与流通截面积之比，即

$$\omega = \frac{V' + V''}{A} \qquad (4.9)$$

由折算速度的定义可知，

$$\omega = \omega_o' + \omega_o'' \qquad (4.10)$$

4)滑动比

通常情况下，在两相流中气相速度和液相速度是不相等的，因此对于两者的差别程度可用滑动比来表示，即

$$s = \frac{\omega''}{\omega'} \qquad (4.11)$$

5)孔隙率

孔隙率又称截面含气率或真实含气率，它表示两相混合物在任意流通截面中气相所占的份额，其定义为

$$\varphi = \frac{A''}{A} \qquad (4.12)$$

6)质量含气率

质量含气率又称两相混合物的干度，它表示单位时间内流过某一流通截面的两相流总质量 M 中气相质量所占的份额，其定义为

$$x = \frac{M''}{M} = \frac{M''}{M' + M''} \tag{4.13}$$

式中，M'' 和 M' 分别表示气相和液相的质量流量，kg/s。

7) 容积含汽率

容积含汽率表示单位时间内流过某一流通截面的两相流总容积中气相所占份额，即

$$\beta = \frac{V''}{V' + V''} \tag{4.14}$$

8) 两相混合物的密度

两相混合物的密度有两种：流动密度和真实密度。

(1) 流动密度。

流动密度表示单位时间内流过截面的两相混合物的质量与容积之比，即

$$\rho_{\mathrm{o}} = \frac{M}{V} \tag{4.15}$$

因为 $M = M' + M'' = \rho'V' + \rho''V''$，故

$$\rho_{\mathrm{o}} = \beta\rho'' + (1 - \beta)\rho' \tag{4.16}$$

(2) 真实密度。

设在管道某一截面上取一段 ΔL，则此截面上两相混合物的密度应为此段中两相混合物的质量与容积之比，即

$$\rho = \frac{\rho''\varphi A\Delta L + \rho'(1 - \varphi)A\Delta L}{A\Delta L} \tag{4.17}$$

整理后得

$$\rho = \varphi\rho'' + (1 - \varphi)\rho' \tag{4.18}$$

当两相间无相对速度时，即当 $\omega'' = \omega'$ 时，$\varphi = \beta$，在这种条件下，流动密度才等于真实密度。

2. 受热垂直管中的流型与换热区域关系

当过冷液体沿一个均匀加热的垂直圆形长管向上流动，热流密度不太高，液体足以沿管长全部蒸发时，其流型与之相对应的换热方式如图 4.1 所示。

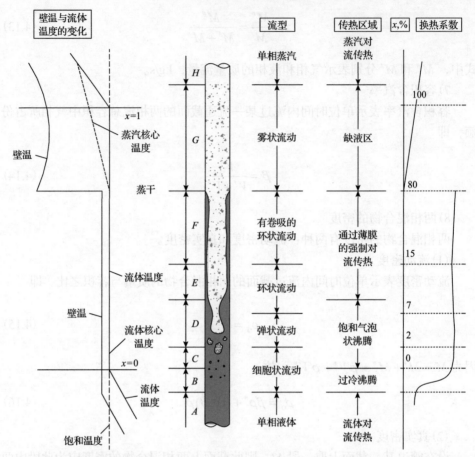

图 4.1　受热垂直管内沸腾时的流型、换热系数、壁温和流体温度沿管长的变化示意图[1]

　　在单相液体对流传热区 A 区内，过冷液体从均匀受热的垂直管底部流入，部分区段加热面壁温虽高于饱和温度，但仍低于形成气泡所需的壁面过热度，液体与壁面之间的传热机理与单相液体的对流传热相同，因而此区中的传热方式为液体的单相对流传热。

　　当壁温高于饱和温度某一数值时，产生气泡，流体进入过冷沸腾区 B 区。在 B 区，液体主流温度仍低于饱和温度，但壁温已经过热，并且使壁面附近边界层的温度高于饱和温度，达到了气泡生成的条件，因此在壁面上有气泡形成。过冷沸腾区根据主流欠热度的高低可细分为高欠热泡核沸腾区和低欠热泡核沸腾区。高欠热泡核沸腾区的特点是气泡弥散于近壁处，由于气泡的扰动作用，传热强度高于单相对流区，壁温基本保持不变，主流温度升高，两者之间的温差沿流道呈线性关系；在低欠热泡核沸腾区，壁面上气化核心增多，气泡可以长大到逃离壁面的尺寸。

在 C 区和 D 区，流体主流温度达到相应压力下的饱和温度，而管壁又过热到能足以产生气泡的温度，此区的传热方式统称为饱和气泡状沸腾（又称为饱和核态沸腾）。在 C、D 两区中产生的蒸汽量沿管长逐渐增多，两相流体的流型由细泡状流型、气弹状流型发展到环状流型的初始阶段。

在 E 区和 F 区，随着蒸汽干度进一步增加，蒸汽在管子中心形成一个气柱，大部分水则以环状液膜形式沿管壁流动。此时管壁热量是通过液膜传到气液分界面上的，传热较强烈。因此，管壁过热度降低到在壁面上不会产生气泡，而在气液分界面上，液体不断蒸发。这种传热方式称为通过液膜的两相强制对流传热。

G 区为缺液区，是从蒸干点向干饱和蒸汽转变之间的区域。此时，液相以液滴状态弥散在气流中，壁面与流体之间的液膜层已被气液混合物代替，因此传热恶化，传热系数陡然下降，壁温显著升高，传热机理发生了变化，故也称临界热流现象。气液夹带的液滴全部蒸发完后，进入单相蒸汽区 H 区，传热变成壁面与单相过热蒸汽之间的对流传热，体系又处于热力学平衡状态，气体与壁面之间的温差保持不变，单相蒸汽最后从垂直管道顶部流出。

3. 两相流流型转变准则

由上述可知，气液两相流的流型与其流动传热特性有很大关系，所以如何确定流型一直是两相流研究中的一个重要课题。近 70 年来，各国学者根据流动机理的分析和实验提出了许多用于确定流型转变的准则。因以竖直翅片管气化器为研究对象，所以本节仅对垂直管中流型转变准则归纳总结。

1) 泡状流到弹状流过渡

Taitel 等[2]认为泡状流转换成弹状流是由气泡间的碰撞和聚合引起的，即当气相速度增加到一定程度时，小气泡聚合生成接近管径的大气泡，从而导致弹状流的形成，并认为流型转换的界限由孔隙率的大小决定。在泡状流中，气泡在通道中做无规则运动，两个气泡时而发生碰撞合并成较大的气泡：当空泡份额为 0.1 时，碰撞频率很低；当空泡份额为 0.1～0.2 时，碰撞频率迅速增大；当空泡份额大于 0.3 时，泡状流很不稳定，将 0.3 作为极限值。

Weisman 等[3]通过实验数据整理，提出由泡状流向弹状流转换的判据为

$$\frac{v_{SG}}{\sqrt{gd}} > 0.45 \left(\frac{v_{SG} + v_{SL}}{\sqrt{gd}} \right)^{0.78} \tag{4.19}$$

式中，v 为介质流速，m/s；g 为重力加速度，m/s^2；d 为流道内径，m；下标 L 和 G 分别表示液相介质和气相介质，下标 S 表示表观量。

2) 弹状流到搅混流过渡

(1) 入口效应机理。

Dukler 等[4]认为搅拌流产生的主要原因是：在两个弹状气泡之间的液弹因太短而不能形成稳定的液相段，且液弹周期性的破碎和形成使流动受到很大的扰动。但研究发现，如果管段足够长，连续的液弹破碎和合并最终能够发展成为一个稳定的液弹，因此从弹状流向搅混流过渡取决于产生搅混流所需的入口管道的长度。Dukler 等[4]提出了估计在给定流动条件下形成稳态弹状流入口长度 L_e 公式，即

$$L_e = 40.6d \left(\frac{v_{SG} v_{SL}}{\sqrt{gd}} + 0.22 \right) \tag{4.20}$$

(2) 阻液机理。

在弹状流中，当管路中掠过气相速度相对较低时，流动的弹状气泡周围会有一层下降的液膜，而在弹状流动不稳定时，进一步提高气体的流量，液弹就会完全破碎，液层将会向上运动，这种现象被称为阻液机理。McQuillan 等[5]用阻液机理解释弹状流到环状流的过渡。Wallis[6]提出阻液条件经验关系式，见式(4.21)～式(4.23)：

$$V_{SL}^{*\,1/2} + V_{SG}^{*\,1/2} = C \tag{4.21}$$

$$V_{SG}^* = V_{SG} \left[\frac{\rho_G}{gD(\rho_L - \rho_G)} \right]^{1/2} \tag{4.22}$$

$$V_{SL}^* = V_{SL} \left[\frac{\rho_L}{gD(\rho_L - \rho_G)} \right]^{1/2} \tag{4.23}$$

式(4.21)中，C 为常数，

(3) 泰勒泡尾流效应机理。

Kaichiro 等[7]认为，在接近弹状流-环状流转换时，液弹变得很短，泰勒泡间隔变得也很短，强烈的泰勒尾流效应引起液弹失稳而破碎。Chen 等[8]在物理机理基础上分析了从弹状流到搅混流液弹结构的变化，在实验数据基础上提出了新的模型。

(4) 气泡合并引起液弹破碎。

Brauner 等[9]认为，当液弹内含气率达到临界值 0.52 时，液弹发生变形而破碎引起流型转变。Jayanti 等[10]通过实验数据对转换机理进行评价，然后通过考虑泰勒泡长度的影响，提出了修改的阻液机理模型。

3) 搅混流到环状流过渡

到目前为止，人们对搅混流还没有统一的认识。常以液相的湍流作用大到能

将大气泡粉碎成泡沫作为搅混流的主要标志,故搅混流也称为乳沫状流或混状流。Golan 等[11]是对搅混流研究较早的学者，他们提出的流型变化判据为

$$\frac{v_{SG}}{\sqrt{gd\rho_L / \rho_G}} > 0.189 + 0.011\frac{v_{SL}}{\sqrt{gd}} \tag{4.24}$$

4）弹状流向环状流过渡

对于弹状流向环状流的过渡，常根据经验公式来判断。Moissis[12]依据 Kelvin-Helmholtz 不稳定性判据分析了弹状流向环状流转变的条件,认为两个气弹之间液膜稳定的界限条件为

$$v_{SG} - v_{SL} = \left\{ \frac{\sigma k \left[\rho_L \coth(kh_m) + \rho G \right]}{\rho_L \rho_G \coth(kh_m)} \right\}^{0.5} \tag{4.25}$$

式中，k 为波数；h_m 为液膜的平均厚度。

根据理论和实验结果，最不稳定的波数与液膜厚度之间的关系为

$$k = \frac{\pi}{5h_m}$$

4.2.3　翅片管内低温液体流动沸腾换热数值计算

昌锟[13]对翅片管气化器管内低温液氩气化过程进行实验，发现低温液体在翅片管气化器管内流动沸腾传热的实际过程中，当气化器工作达到稳态时，液体在气化器进口段处于过冷阶段，如图4.1所示，整个气化相变过程实际经历了过冷沸腾传热、饱和沸腾传热、两相强制对流传热以及缺液区传热四个过程。因此，本章建立的翅片管气化器管内低温液体沸腾传热计算模型将基于这四个传热区域的不同传热特点，分区建立传热计算模型。

1. 流动过冷沸腾传热计算

过冷沸腾又称欠热沸腾。过冷沸腾区可分为高过冷区和低过冷区,如图 4.2 所示。

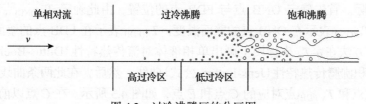

图 4.2　过冷沸腾区的分区图

在高过冷区，认为气泡沸腾边界层内的机理与容积沸腾相同，主流液体的流动对传热不产生影响；低过冷区的传热特性是单相液对流传热份额越来越小，直至完全消失，此时传热方式完全依靠沸腾传热而没有强制对流传热的影响，其传热特性与流动沸腾的饱和沸腾、容积沸腾比较相似，不同之处是低过冷区的气泡扰动能力较强，传热能力有所提高。

1）高过冷区传热计算

高过冷区可采用压力修正的类似公式和 Thome 公式[14]，分别如下所示：

$$\Delta T_s = 25q^{0.25} \exp\left(-\frac{p}{62}\right) \tag{4.26}$$

$$\Delta T_s = 22.7q^{0.5} \exp\left(-\frac{p}{87}\right) \tag{4.27}$$

式中，q 为热流密度，MW/m^2；p 为压力，bar；ΔT_s 为气泡过热度，℃。

Bowring[15]认为按此类公式计算，过冷度越大，误差越大，其原因是没有考虑有相当部分传热方式属于单相液体对流传热。Griffith 等[16]从确定热流密度开始，通过温压计算沸腾与单相对流传热系数，做出如下规定：过冷沸腾区的传热量由两部分组成，即单相液对流传热量 q_{spl} 和沸腾传热量 q_B，总传热量可表示为

$$q = q_{spl} + q_B \tag{4.28}$$

即在过冷沸腾区，传热依靠单相液对流传热和气泡沸腾两种作用，从起始沸腾（onset of nucleate boiling, ONB）点到充分发展气泡沸腾（fully developed nucleate boiling, FDB）点之间，两种作用相互消长。其中，在 ONB 点以前，$q_{spl} = h_l(T_w - T_l)$，$q_B = 0$；在 ONB 点与 FDB 点之间，$q_{spl} = h_{tr,l}(T_s - T_l)$，$q_B$ 按容积沸腾公式计算，即 Jens-Lottes 类型公式，而 $q = (1-m)q_{spl} + mq_B$，m 为加权因子；在 FDB 点以后，单相液对流传热几乎不再存在，$q_{spl} = 0$，$q = q_B$[17]。其中，T_w 为壁面温度，T_l 为液体温度，h_l 为 ONB 处过冷液体的对流换热系数，$h_{tr,l}$ 为 ONB 点与 FDB 点之间的液体对流换热系数，T_s 为液体饱和温度。

Bergles 等[17]对 Bowring-Griffith 方法进一步提出补充修正方案，使计算结果更符合实际。首先确定 ONB 点与 FDB 点的位置，由此确定 $T_{w(ONB)}$ 点和 $T_{w(FDB)}$ 点（此处 $T_{w(ONB)}$ 表示在 ONB 点的壁面温度，$T_{w(FDB)}$ 表示在 FDB 点的壁面温度），并用图解方法在 $q\text{-}T_w$ 坐标图上画出单相液体对流传热特性（Dittus-Boelter 公式）曲线和容积沸腾传热特性（Jens-Lottes 公式）曲线；然后，在此两条曲线上分别定出 $T_{w(ONB)}$ 点和 $T_{w(FDB)}$ 点对应的 C 点和 E 点，如图 4.3 所示。在 C 点以前，传热按

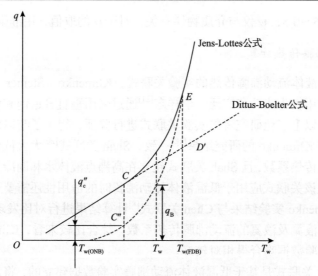

图 4.3　高过冷区传热计算图

单相液体对流传热计算；在 E 点以后，按容积沸腾公式计算；在 C 点和 E 点之间，按式(4.29)进行计算插入：

$$q = \left[q_{spl}^2 + \left(q_B - q_c'' \right)^2 \right]^{1/2} \tag{4.29}$$

式中，$q_{spl} = h_{tr,l}\left(T_w - T_l\right)$；$q_c''$ 为 ONB 点的 q_B。该方法计算结果在 ONB 点是连续的，在 FDB 点虽不连续，但相对于 q_{spl} 来说，q_B 很大，可以看成是近似连续的。

2) 低过冷区传热计算

低过冷区根据实验测试结果，将 Chen 公式[8]修改后得

$$h_{tr,B} = 0.00122 \frac{k_1^{0.79} c_{pl}^{0.45} \rho_1^{0.19}}{\sigma^{0.5} \mu_1^{0.29} \lambda^{0.24} \rho_g^{0.24}} \Delta T_s^{0.24} \Delta p_s^{0.75} \tag{4.30}$$

式中，ΔT_s 与 Δp_s 为饱和曲线上相应的温度差与压力差。也可根据 Thome 公式[14]计算，如式(4.31)所示：

$$t_w - t_{sat} = cq^n \tag{4.31}$$

式中，c 取决于流体的物理特性及流体对受热面的润湿特性系数；指数 $n = 0.25\sim$ 0.5；t_w 为管壁温度；t_{sat} 为饱和液体温度；q 为热流密度。

对于过冷沸腾区域，如果不区分高低过冷区域，可直接应用容积沸腾公式 (Jens-Lottes 公式)计算传热，表示如下：

$$T_w - T_s = \psi q^n \tag{4.32}$$

式中，$n = 0.25 \sim 0.5$；ψ 仅与介质物性有关，对于 ψ 的取值，用准则分析法拟合。

2. 饱和沸腾传热计算

对于低温液体流动沸腾传热的实验关联式，Klimenko、Steiner、Shah 等[18-20] 提出的公式应用较为成功和广泛。李祥东[21]通过采用垂直管道饱和液氮沸腾换热的实验数据对以上三位研究者的实验关联式进行验证，得出了与以前研究结果相似的结果：与 Klimenko 的研究结果[18]一致，Shah 关联式[20]大大低估了液氮在铜表面上的沸腾传热系数，且 Shah 关联式建立在高沸点液体水和制冷剂实验数据的基础上，因此该关联式应用于低温液体流动沸腾时的适用性还需要进一步验证；另外，将 Klimenko 实验结果与 Chen 关联式[8]计算结果进行对比发现，Chen 关联式同样低估了液氮及液氢的流动沸腾传热系数。综合比较来看，Klimenko 关联式计算结果与实验数据吻合得相对较好。

Klimenko 关联式是基于低温液体流动沸腾实验数据建立的，将流动沸腾通道划分为核态沸腾区和强制对流蒸发区两个区。其中，核态沸腾区与过冷沸腾区类似，其基本特征是加热壁面上存在大量的活化核心，液体主要在加热壁面上气化。随着核态沸腾的不断进行，气相逐渐占据管道中央的区域形成气核，而液相紧贴管壁流动，当两相速度足够高时，边界层变薄，壁面热阻降到很低，无论是壁面温度还是边界层内的液体温度，均不能满足气泡成核所要求的温度条件，此时壁面传入的热量通过液体传至气液界面，即进入到强制对流蒸发阶段。

Klimenko 关联式首先定义了一个无量纲参数 N_{CB} 作为核态沸腾区及强制对流蒸发区转变边界的判断标准，表示为

$$N_{CB} = \frac{Re_m}{Re_*} \left(\frac{\rho_l}{\rho_g} \right)^{2/3} \tag{4.33}$$

式中，Re_m、Re_* 分别为两相平均雷诺数及修正雷诺数，分别表示为

$$Re_m = \frac{ub}{v_l}, \quad Re_* = \frac{qb}{h_{fg} \rho_g v_l}$$

其中，u 可以表示为

$$u = \frac{G}{\rho_l} \left[1 + x \left(\frac{\rho_l}{\rho_g} - 1 \right) \right]$$

Klimenko 规定：当 $N_{CB} < 1.6 \times 10^4$ 时，为核态沸腾区；当 $N_{CB} \geqslant 1.6 \times 10^4$ 时，为强制对流蒸发区。各区内的两相流传热系数可分别按照如下公式计算：

在核态沸腾区，有

$$Nu_b = 7.4 \times 10^{-3} Pe_*^{0.6} K_p^{0.5} Pr_l^{-1/3} \left(\lambda_w / \lambda_l \right)^{0.15}, \quad N_{CB} < 1.6 \times 10^4 \tag{4.34}$$

在强制对流蒸发区，有

$$Nu_c = 0.087 Re_m^{0.6} Pr_l^{-1/3} \left(\rho_g / \rho_l \right)^{0.2} \left(\lambda_w / \lambda_l \right)^{0.09}, \quad N_{CB} \geqslant 1.6 \times 10^4 \tag{4.35}$$

式中，λ_w 为加热壁面材料的导热系数，公式中其余变量表示如下：

$$Pe_* = \frac{qb}{h_{fg} \rho_g a_l} \tag{4.36}$$

$$K_p = \frac{p}{\sqrt{\sigma g \left(\rho_l - \rho_g \right)}} \tag{4.37}$$

$$b = \sqrt{\frac{\sigma}{g \left(\rho_l - \rho_g \right)}} \tag{4.38}$$

对于本章低温液体饱和沸腾传热系数的计算，可采用 Klimenko 给出的核态沸腾区的关联式计算，此关联式仅计算低温液体饱和沸腾传热系数，不包括过冷沸腾区传热系数计算值[21]。

3. 两相强制对流传热计算

空温式翅片管气化器属于低温换热器的一种，由于低温换热器通常采用小当量直径的紧凑表面，而且在阻力的限制下，常采用较低的流速。在实际过程中，空温式翅片管气化器管内低温液体进口流速一般也不大，而当管内质量流速不高时，两相强制对流区传热方式通常与环状流相关，此时两相强制对流区的传热是通过液膜的传导与对流以及在分界面上的蒸发进行的。核心区的主蒸汽温度为饱和温度。该区的传热方式可视为液膜传热与核沸腾传热相结合的方式。

1）液膜传热经验关系式

液膜传热通常利用 Martinelli 参数 X_{tt} 表示[22,23]：

$$\frac{\alpha}{\alpha_l} = a \left(\frac{1}{X_{tt}} \right)^b \tag{4.39}$$

式中，α_l 为液相单独在管内流动时的放热系数；a 和 b 为系数，其取值可参照表 4.1；X_{tt} 为 Martinelli 参数，表示为

$$X_{tt}^2 = \frac{C_g \left(Re_g \right)^m \rho_g}{C_l \left(Re_l \right)^n \rho_l} \left(\frac{1-x}{x} \right)^2 \tag{4.40}$$

式中，m、n、C_g、C_1 均为常数，其取值参照表 4.2；Re_1 和 Re_g 分别为液相和气相的雷诺数，分别表示为

$$Re_1 = \frac{D\dot{m}_1}{A\mu_1} \tag{4.41}$$

$$Re_g = \frac{D\dot{m}_g}{A\mu_g} \tag{4.42}$$

式中，D 为通道当量直径；μ 为动力黏度；A 为通道的横截面积；$\dot{m}$ 为质量流量。

表 4.1　系数 a、b 取值参照表

来源	a	b
Dangler-Addems 数据	3.50	0.50
Bennet 数据	2.90	0.66
Schrock-Grossman 数据	2.50	0.75
Collier-Pulling 数据	2.17	0.70
Guerrieri-Talty 数据	3.40	0.45

注：Schrock-Grossman 数据多被采用。

表 4.2　常数 m、n、C_g、C_1 取值参照表

常数	层流	湍流	
		3000<Re<5000	Re>5000
m（气体）	1	0.25	0.20
n（液体）	1	0.25	0.20
C_g（气体）	64	0.316	0.184
C_1（液体）	64	0.316	0.184

2）液膜传热与核沸腾同时存在时的传热关系式

（1）Guerrieri-Talty 经验关系式。

Guerrieri 和 Talty 建议使用核态沸腾校正因子 F_{NB}，即液膜传热与核沸腾同时存在时的传热系数等于 F_{NB} 乘以求得的放热系数 α_1（α_1 为液相单独在管内流动时的放热系数），核态沸腾校正因子 F_{NB} 表示为

$$F_{NB} = 0.187 \left(\frac{r_o^*}{\delta} \right)^{-5/9} \tag{4.43}$$

式中，r_o^* 为相应于管壁过热度的平衡气泡的半径；δ 为层流子层的厚度，其计算

公式为

$$\delta = \frac{10\mu'}{\rho'}\left(\frac{\rho'}{\tau_o}\right)^{0.5} \tag{4.44}$$

式中，τ_o 为管壁切应力，可表示为

$$\tau_o = \frac{d\left(-\dfrac{\mathrm{d}p_F}{\mathrm{d}z}\right)}{4} \tag{4.45}$$

式中，$\dfrac{\mathrm{d}p_F}{\mathrm{d}z}$ 为摩擦压降分量随 z 的变化率。

（2）Dangler-Addems 经验关系式。

同样建议这一沸腾因子为

$$F_{NB} = 0.67\left\{\left(\Delta t_{sat} - \Delta t_{sat,ONB}\right)\left[\left(\frac{\mathrm{d}p}{\mathrm{d}t}\right)_{sat}\frac{d}{\sigma}\right]\right\}^{0.1} \tag{4.46}$$

（3）Chen 关系式。

Chen 等[8]提出了一个包含饱和核态沸腾两相强制对流区的关系式，并认为在饱和气泡状沸腾传热和两相强制对流换热区中，气泡状沸腾和对流这两种传热机理都在不同程度地相互作用，且这两个传热区中的换热系数可以由饱和气泡状沸腾换热系数 α_{NB} 和两相强制对流换热系数 α_{FC} 叠加而成：

$$\alpha = \alpha_{NB} + \alpha_{FC} \tag{4.47}$$

式中，α_{NB} 为核态沸腾放热系数，可表示为

$$\alpha_{NB} = S\alpha_{FZ} \tag{4.48}$$

其中，S 为核沸腾抑制因子，可按 $S = f(Re_{TP})$ 关联，S 与 Re_{TP} 的关系可由图 4.4 表示，Re_{TP} 可表示为

$$Re_{TP} = Re_l F^{1.25} = \frac{G(1-x)D}{\mu_l}F^{1.25} \tag{4.49}$$

式中，Re_l 为液体单独在管内流动时的雷诺数；F 为系数，其大小与参数 X 有关，可由图 4.5 查得。图 4.5 所示的 $F = f(1/X)$ 的关系曲线符合下列关系式。

①当 $1/X \leqslant 0.1$ 时，$F = 1.0$。

②当 $1/X > 0.1$ 时，$F = 2.35(1/X + 0.213)^{0.736}$。

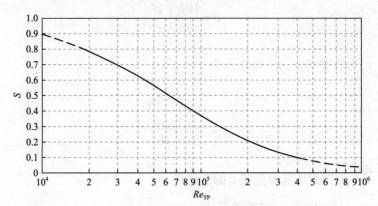

图 4.4　核沸腾抑制因子 S 与 Re_{TP} 的关系[1]

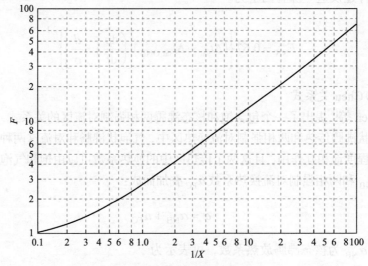

图 4.5　系数 F 与 $1/X$ 的关系[1]

图 4.4 所示的 S 与 Re_{TP} 的关系曲线符合下列关系式：

$$S = 1/\left(1 + 2.53 \times 10^{-6} Re_{TP}^{1.17}\right) \tag{4.50}$$

针对式 (4.48) 中的 α_{FZ}，Chen 等[8]建议采用 Forster 和 Zuber 的池沸腾关系式，可表示为

$$\alpha_{FZ} = \frac{q}{t_w - t_{sat}} = 0.00122 \frac{\lambda_l^{0.79} c_{pl}^{0.45} \rho'^{0.49}}{\sigma^{0.5} u_l^{0.29} r^{0.24} \rho''^{0.24}} \Delta t_{sat}^{0.24} \Delta p_{sat}^{0.75} \tag{4.51}$$

式中，Δp_{sat} 为对应于 Δt_{sat} 的饱和蒸汽压差。

α_{FC} 为 Chen 参照单相流动时的 Dittus-Boelter 方程建议的两相流动换热系数，可表示为

$$\alpha_{FC} = 0.023F \left[\frac{G(1-x)D}{\mu'} \right]^{0.8} Pr_1^{0.4} \frac{\lambda_1}{D} \tag{4.52}$$

Chen 等在之后的研究中，曾用大量实验数据对式(4.43)和式(4.46)进行验证，结果表明相差均较大。因此，对于两相强制对流换热区的传热计算，采用 Chen 关系式，且该关系式目前应用比较广泛。

4. 缺液区传热计算

当低温液体在气液两相强制对流区域中，受热壁面上液膜部分或全部消失时，出现无霜工况或临界热流密度工况，即转入缺液区传热。该区域的传热方式以液滴与壁面之间的传热为主。通常缺液区传热处理方法有以下两种。

1) 分过程的模型处理

分过程的模型处理方法即把缺液区的传热过程分成六个简单的过程，然后分别用模型计算。各过程描述如下：

(1) 壁面对液滴的非接触传热。

(2) 液滴对壁面的接触传热。

(3) 壁面对气体的对流传热。

(4) 过热蒸汽对液滴的蒸发传热。

(5) 壁面对液滴的辐射传热。

(6) 壁面对气体的辐射传热。

2) 经验公式

在缺液区工况下，蒸汽有可能达到过热状态，所以经验公式又可分为热平衡公式和热不平衡公式两种，但目前大多数经验公式都属于热平衡公式。鉴于此，在本章算例中缺液区采用热平衡公式进行传热计算。

Groeneveld 公式[24]是目前工程上常用的推荐公式，表示如下：

$$h_{tr} = a \frac{k_g}{D_e} \left\{ Re_g \left[x + (1-x) \frac{\rho_g}{\rho_1} \right] \right\}^b Pr_w^c Y^d \tag{4.53}$$

式中，Re_g 为全气相雷诺数；a、b、c、d 为常数，其取值如下：

(1) 对于管道：$a = 1.09 \times 10^{-3}$，$b = 0.989$，$c = 1.41$，$d = -1.15$。

(2) 对于环形通道：$a = 5.2 \times 10^{-3}$，$b = 0.688$，$c = 1.26$，$d = -1.06$。

(3)通用情况下：$a = 3.27 \times 10^{-3}$，$b = 0.901$，$c = 1.32$，$d = -1.5$。

Groeneveld 公式使用的限定条件有如下两种情形。

(1)对于管内传热(垂直或水平流动)的情况，有 $D_e = 0.25 \sim 2.5 \mathrm{cm}$，$p = 68 \sim$ 215bar，$G = 700 \sim 5300 \mathrm{kg}/(\mathrm{m}^2 \cdot \mathrm{s})$，$x = 0.1 \sim 0.9$，$q = 120 \sim 2100 \mathrm{kW/m}^2$，$Nu_g = 95 \sim$ 1770，$Pr_w = 0.88 \sim 2.21$，$Y = 0.706 \sim 0.976$，$Re_g \left[x + (1-x)\rho_g / \rho_l \right] = 6.6 \times 10^4 \sim$ 1.3×10^5。

(2)对于环形流道传热(垂直流动)的情况，有 $D_e = 0.15 \sim 0.63 \mathrm{cm}$，$p = 34 \sim$ 100bar，$G = 800 \sim 4100 \mathrm{kg}/(\mathrm{m}^2 \cdot \mathrm{s})$，$x = 0.1 \sim 0.9$，$q = 450 \sim 2250 \mathrm{kW/m}^2$，$Nu_g =$ $160 \sim 640$，$Pr_w = 0.91 \sim 1.22$，$Y = 0.610 \sim 0.963$，$Re_g \left[x + (1-x)\rho_g / \rho_l \right] = 1.0 \times 10^5 \sim$ 3.9×10^5。

4.3　翅片管内低温液体侧流体流动换热数值模拟

4.3.1　基本控制方程

本例使用 Fluent 软件对翅片管气化器管内低温液氮相变传热流动过程进行数值模拟，这一过程可视为管内有相变的对流换热过程，其遵循质量守恒、动量守恒和能量守恒。

质量守恒方程：

$$\frac{\partial \rho}{\partial t} + \mathrm{div}(\rho \boldsymbol{u}) = 0 \tag{4.54}$$

动量守恒方程：

$$\frac{\partial(\rho u)}{\partial t} + \mathrm{div}(\rho u \boldsymbol{u}) = -\frac{\partial p}{\partial x} + \frac{\partial \tau_{xx}}{\partial x} + \frac{\partial \tau_{yx}}{\partial y} + \frac{\partial \tau_{zx}}{\partial z} + F_x \tag{4.55}$$

$$\frac{\partial(\rho v)}{\partial t} + \mathrm{div}(\rho v \boldsymbol{u}) = -\frac{\partial p}{\partial y} + \frac{\partial \tau_{xy}}{\partial x} + \frac{\partial \tau_{yy}}{\partial y} + \frac{\partial \tau_{zy}}{\partial z} + F_y \tag{4.56}$$

$$\frac{\partial(\rho w)}{\partial t} + \mathrm{div}(\rho w \boldsymbol{u}) = -\frac{\partial p}{\partial z} + \frac{\partial \tau_{xz}}{\partial x} + \frac{\partial \tau_{yz}}{\partial y} + \frac{\partial \tau_{zz}}{\partial z} + F_z \tag{4.57}$$

能量守恒方程：

$$\frac{\partial(\rho T)}{\partial t} + \mathrm{div}(\rho \boldsymbol{u} T) = \mathrm{div}\left(\frac{k}{c_p} \mathrm{grad} T \right) + S_T \tag{4.58}$$

式中，ρ 为密度；t 为时间；$\boldsymbol{u}$ 为速度矢量；u、v 和 w 分别为速度矢量 $\boldsymbol{u}$ 在 x、y 和 z 方向的分量；p 为流体微元体上的压力；τ_{xx}、τ_{xy} 和 τ_{xz} 等为因分子黏性作用而产生的作用于微元体表面上的黏性应力 τ 的分量；F_x、F_y 和 F_z 为微元体上的体力，若体力只有重力，且 z 轴竖直向上，则 $F_x = F_y = 0$，$F_z = -\rho g$；c_p 为比热容；T 为温度；k 为流体的传热系数；S_T 为流体的内热源及由于黏性作用流体机械能转换为热能的部分，S_T 可简称为黏性耗散项。

4.3.2　湍流模型

在 Fluent 软件中，提供的湍流模型有一方程（Spalart-Allmaras）模型、k-ε 系列模型（标准 k-ε 模型、RNG k-ε 模型和 Realizable k-ε 模型）、k-ω 系列模型（标准 k-ω 模型、压力修正 k-ω 模型、雷诺应力模型、大涡模拟模型）。

1）一方程模型

一方程模型对于解决动力漩涡黏性问题是相对简单的方程，其无须计算与剪应力层厚度相关的长度尺度。该模型主要应用于航空领域，对于墙壁束缚流动问题已经显示出很好的效果，另外在透平机械中的应用也变得广泛。

2）标准 k-ε 模型

标准 k-ε 模型是在一方程模型的基础上，引入一个关于湍流耗散率 ε 的方程后形成的一个典型的两方程模型。该模型因具有适用范围广、经济、精度合理的特点而应用广泛，但应用于强旋流、弯曲壁面流动或弯曲流线流动时会产生一定的失真。

3）RNG k-ε 模型和 Realizable k-ε 模型

针对标准 k-ε 模型应用于强旋流、弯曲壁面流动或弯曲流线流动时会产生一定的失真问题，研究者对其加以改造，提出了 RNG k-ε 模型和 Realizable k-ε 模型。

RNG k-ε 模型是由 Yakhot 等[25]提出的，该模型通过在大尺度运动和修正后的黏度项体现小尺度的影响，而使这些小尺度运动系统地从控制方程中去除。与标准 k-ε 模型相比，RNG k-ε 模型不仅考虑了平均流动中的旋转、旋流流动情况，还考虑了湍流漩涡和近壁区域的处理，另外也反映了主流的时均应变率，从而该模型可以更好地处理高应变率及流线弯曲程度较大的流动，也使得 RNG k-ε 模型比标准 k-ε 模型在更广泛的流动中有更高的可信度和精度。

Realizable k-ε 模型与标准 k-ε 模型相比，湍流黏度计算公式引入了与旋转和曲率有关的内容。该模型已被有效地应用于各种不同类型的流动模拟，包括旋转均匀剪切流、射流和混合流的自由流动、边界层流动以及带有分离的流动等。但该模型的一个不足之处是在主要计算旋转和静态流动区域时不能提供自然湍流黏度。

4)雷诺应力模型

雷诺应力模型比一方程模型和两方程模型更加严格地考虑了流线型弯曲、漩涡、旋转和张力快速变化，它对于复杂流动有更大的精度预测潜力。计算实践表明，雷诺应力模型虽然能考虑一些各向异性效应，但效果并不一定比其他模型好，在计算突扩流动分离区和计算湍流输运各向异性较强的流动时，雷诺应力模型优于两方程模型，但对于一般的回流流动，雷诺应力模型的结果并不一定比 $k\text{-}\varepsilon$ 模型计算结果好。另外，就三维问题而言，采用雷诺应力模型意味着要多求解 6 个雷诺应力的微分方程，计算量大，对计算机要求高。

鉴于此，本节采用 RNG $k\text{-}\varepsilon$ 模型作为湍流模型。湍流动能方程和扩散方程如下：

$$\frac{\partial(\rho k)}{\partial t}+\frac{\partial(\rho k u_i)}{\partial x_i}=\frac{\partial}{\partial x_j}\left(\alpha_k \mu_{\text{eff}}\frac{\partial k}{\partial x_j}\right)+G_k+\rho\varepsilon \tag{4.59}$$

$$\frac{\partial(\rho\varepsilon)}{\partial t}+\frac{\partial(\rho\varepsilon u_i)}{\partial x_i}=\frac{\partial}{\partial x_j}\left(\alpha_\varepsilon \mu_{\text{eff}}\frac{\partial\varepsilon}{\partial x_j}\right)+\frac{C_{1\varepsilon}^*}{k}G_k-C_{2\varepsilon}\rho\frac{\varepsilon^2}{K} \tag{4.60}$$

其中，

$$\mu_{\text{eff}}=\mu+\mu_t,\quad \mu_t=\rho C_\mu\frac{k^2}{\varepsilon}$$

$$C_{1\varepsilon}^*=C_{1\varepsilon}-\frac{\eta(1-\eta/\eta_0)}{1+\beta\eta^3},\quad \eta=\left(2E_{ij}E_{ij}\right)^{1/2}\frac{k}{\varepsilon}$$

$$E_{ij}=\frac{1}{2}\left(\frac{\partial\mu_i}{\partial x_j}+\frac{\partial\mu_j}{\partial x_i}\right)$$

式中，k 为湍流动能；ε 为湍流耗散率；α_k 为与湍流动能有关的湍流普朗特数；α_ε 为与湍流耗散率有关的湍流普朗特数，$\alpha_k=\alpha_\varepsilon=1.39$；$\mu_t$ 为湍动黏度；G_k 为由平均速度梯度引起的湍流动能产生项；C_μ、$C_{1\varepsilon}$、$C_{2\varepsilon}$ 为经验常数，$C_\mu=0.0845$，$C_{1\varepsilon}=1.42$，$C_{2\varepsilon}=1.68$；η_0 为修正系数，$\eta_0=4.377$；β 为热膨胀系数，$\beta=0.012$；E_{ij} 为主流时均应变率。

4.3.3　多相流模型及选择原则

解决多相流问题的第一步，就是挑选出最能符合所要解决的实际流动情况的多相流模型，确定相与相之间耦合的程度，针对不同程度的耦合情况再选择恰当的模型进行模拟。

1. 多相流模型

求解多相流问题一般有两种方法：欧拉-拉格朗日方法和欧拉-欧拉方法。欧拉-拉格朗日方法是对连续相流体在欧拉框架下求解 N-S 方程，对粒子相是在拉格朗日框架下求解颗粒相守恒方程，并以单个粒子为对象。欧拉-欧拉方法是对连续相流体在欧拉框架下求解 N-S 方程，对粒子相是在欧拉框架下求解颗粒相守恒方程，并以空间点为对象。这两种方法又可以分别简称为求解多相流问题的双(多)流体模型和离散相模型(颗粒轨道模型)。

1)欧拉-拉格朗日方法

欧拉-拉格朗日方法中的每个颗粒运动方程均在一个独立的时间步长被积分。其中，在稳态的分析中，对于颗粒运动路线的取决，主要在于它的初始条件以及它所经过的流体速度流场的情况，并在颗粒运动路径的每个步长上计算求得由局部连续条件作用的力，同时在颗粒的动量守恒、质量守恒和能量守恒的基础上更新颗粒的属性，且整个过程只有流体影响颗粒，而颗粒被假定为对流体不构成影响；在瞬态分析过程中，变化产生在每个时间步长，因此必须同时计算流场与颗粒的路径。

欧拉-拉格朗日方法的优点是，对于预测颗粒粒径变化体系的性质或者体系中所包含的颗粒的粒径在一个区间之内的情况非常便捷，而且用户可以根据自身情况很容易地定义颗粒的边界条件，同时可以很方便地模拟用户自定义的传递过程。该方法的不足之处为很难模拟颗粒之间的相互作用，因此该方法仅限于计算低体积浓度的条件，但是当颗粒数目足够多，同时计算时间足够长时，可以通过轨迹计算预测出固体颗粒的浓度，否则固体颗粒浓度不能由欧拉-拉格朗日方法直接计算出来。

2)欧拉-欧拉方法

欧拉-欧拉方法的主要特点是通过计算每个单元内的变化所得传递方程的形式来描述流体性质以及固相的性质。在欧拉-欧拉方法中，不同的相被处理成互相贯穿的连续介质。通常情况下，欧拉-欧拉方法也可理解为，分散相被视为与液相一样的一个连续相占据着一定的空间。分散相与液相的不同之处是它们各自具有一个局部体积分数，但各相的体积分数之和等于 1。

与欧拉-拉格朗日方法相比，欧拉-欧拉方法考虑了颗粒间的相互作用，且离散相的体积分数可作为程序解中的一部分被自动计算出来，因此欧拉-欧拉方法更适用于具有较高固体体积分数的混合物，但其不足之处是在处理含有固体颗粒粒径分布和颗粒粒径改变的问题时，效果不是很好。

Fluent 软件提供的多相流模型有流体体积模型(VOF)、混合物模型(Mixture)、欧拉模型(Eulerian)和离散相模型(Disperate)四种。其中，流体体积模型、混合物模型、欧拉模型遵循欧拉-欧拉方法，离散相模型遵循欧拉-拉格朗日方法。对于离散相模型，其基本假设是离散的第二相的体积分数应很低，粒子和液滴运行轨迹的计算是相互独立的。因此，离散相模型能较好地处理喷雾干燥、煤和液体燃料燃烧以及一些粒子的负载流动等，但是对于流-流混合物，流化床和其他第二相体积分数不容忽略的情况，该模型并不适用。鉴于本章低温液氮在气化器管内沸腾换热后，液氮几乎完全气化，下面仅介绍三种欧拉-欧拉多相流模型，并对其各自的使用特点、使用条件做简单介绍。

(1)流体体积模型。

流体体积模型通过求解一套动量方程和跟踪穿过计算域的每一种流体的容积分数来模拟两种或多种不能混合的流体，并分别记录下各流体组分所占的体积分数。流体体积模型是一种在固定的欧拉网格下的表面跟踪方法，因此当需要得到一种或多种互不相容流体间的交界面时，可以采用这种模型。流体体积模型的应用常包括分层流、自由面流动、灌注、晃动、液体中大气泡的流动、水坝决堤时的水流、对喷射衰竭(表面张力)的预测，以及求解任意的液-气分界面的稳态或瞬时分界面。

(2)混合物模型。

混合物模型是一种简化的多相流模型，用于模拟各项具有不同速度的多相流动。该模型的基本假设是，在短距离空间尺度上具有局部平衡，且相间是强耦合的。混合物模型可用于模拟有强相间耦合的各向同性多相流和各相以相同速度运动的多相流，也可用于计算非牛顿流体的黏性。此外，混合物模型在某些情况下可以很好地替代全欧拉模型计算。例如，当颗粒尺寸分布很广或者相间相互作用规律不明确时，采用全欧拉模型是不现实的，而简单的混合物模型所求解的变量个数少，可以发挥更好的作用。混合物模型的应用常包括低负载的粒子负载流、气泡流、沉降以及旋风分离器。混合物模型也可用于没有离散相相对速度的均匀多相流。

(3)欧拉模型。

欧拉模型是 Fluent 软件中最复杂的多相流模型，可以模拟多相的流动及相间的相互作用。相可以是液体、气体、固体的全部组合，对于每一相的处理方法均采用欧拉法，而且压力项和各界面交换系数是耦合在一起的。对于欧拉模型，只要计算机的内存足够大，理论上对任意多个第二相都可以模拟，但是复杂的多相流动的解会受到收敛性的限制。欧拉模型的应用常包括气泡柱、上浮、颗粒悬浮以及流化床。

2. 欧拉-欧拉多相流模型选择原则

通常根据以下原则挑选出最合适的模型来描述实际流动：

(1)对于离散相混合物或者单独的离散相体积分数超出 10%的气泡、液滴和粒子负载流动，采用混合物模型或欧拉模型。

(2)对于栓塞流、泡状流,采用流体体积模型。

(3)对于分层/自由面流动,采用流体体积模型。

(4)对于气动输运,若是均匀流动,则采用混合物模型,若是粒子流,则采用欧拉模型。

(5)对于流化床,采用欧拉模型模拟粒子流。

(6)对于泥浆流和水利输运,采用混合物模型和欧拉模型。

(7)对于沉降,采用欧拉模型。

(8)对于更加一般的,同时包含若干种多相流模式的情况,应根据最感兴趣的流动特征选择合适的流动模型。

为了在混合物模型和欧拉模型之间做出选择,可以考虑以下几点:

(1)如果分散相有着宽广的分布,如颗粒的尺寸分布很宽,优先选择混合物模型。

(2)如果相间曳力规律已知,欧拉模型通常比混合物模型更精确;但如果相间曳力规律未知或者不确定,此时混合物模型将是更好的选择。

(3)如果希望计算量小,可选择混合物模型,因为求解混合物模型的方程比求解欧拉模型的方程要少;如果计算精度要求高而不在意计算量的大小,那么欧拉模型是更好的选择。但要注意的是,复杂的欧拉模型比混合物模型的计算稳定性差,可能会遇到收敛困难的问题。

本章模拟的低温液氮在翅片管气化器管内的流动传热过程具有如下特性:

(1)低温液氮具有饱和温度低、气化潜热小的特点,致使其沸腾换热更剧烈,相变过程中气液两相间动量、能量、质量的传输规律,以及相间曳力规律变得更为复杂而不确定。

(2)液氮沿管流动吸热气化,第二相氮气的含气率远大于10%。

因此,本章选用两相流混合物模型进行模拟计算。

3. 两相流混合物模型

1)混合物模型连续方程

混合物模型的连续方程为

$$\frac{\partial \rho_m}{\partial t} + \nabla \cdot \left(\rho_m \boldsymbol{v}_m \right) = \dot{m} \tag{4.61}$$

式中,ρ_m 为混合物密度,$\rho_m = \sum_{k=1}^{n} \alpha_k \rho_k$;$\boldsymbol{v}_m$ 为质量平均速度,$\boldsymbol{v}_m = \dfrac{\sum_{k=1}^{n} \alpha_k \rho_k \boldsymbol{v}_k}{\rho_m}$,其中 α_k、ρ_k 分别为第 k 相的体积分数和密度;$\dot{m}$ 为由气穴或用户定义的质量源

的质量传递。

2）混合物模型动量方程

混合物模型动量方程为

$$\frac{\partial}{\partial t}(\rho_m \boldsymbol{v}_m) + \nabla \cdot (\rho_m \boldsymbol{v}_m \boldsymbol{v}_m)$$

$$= -\nabla p + \nabla \cdot \left[\mu_m \left(\nabla \boldsymbol{v}_m + \nabla \boldsymbol{v}_m^T \right) \right] + \rho_m \boldsymbol{g} + \boldsymbol{F} + \nabla \left(\sum_{k=1}^{n} \alpha_k \rho_k \boldsymbol{v}_{dr,k} \boldsymbol{v}_{dr,k} \right) \tag{4.62}$$

式中，n 为相数；$\boldsymbol{F}$ 为体积力；μ_m 为混合物黏性，$\mu_m = \sum_{k=1}^{n} \alpha_k \mu_k$；$\boldsymbol{v}_{dr,k}$ 为第二相 k 的漂移速度，$\boldsymbol{v}_{dr,k} = \boldsymbol{v}_k - \boldsymbol{v}_m$。

3）混合物模型能量方程

混合物模型能量方程为

$$\frac{\partial}{\partial t}\sum_{k=1}^{n}(\alpha_k \rho_k E_k) + \nabla \cdot \sum_{k=1}^{n}\left[\alpha_k \boldsymbol{v}_k (\rho_k E_k + p) \right] = \nabla \cdot (k_{eff} \nabla T) + S_E \tag{4.63}$$

式中，方程右边第一项表示由传导造成的能量传递；S_E 为包含所有的体积热源；k_{eff} 为有效热传导率，$k_{eff} = k + k_t$，其中 k_t 为湍流热传导率，根据使用的湍流模型定义；对于可压缩相，$E_k = h_k \dfrac{p}{\rho_k} + \dfrac{v_k^2}{2}$，对于不可压缩相，$E_k = h_k$，$h_k$ 为第 k 相的显焓。

4）相对速度和漂移速度

相对速度定义为第二相的速度相对于主相的速度，即

$$\boldsymbol{v}_{12} = \boldsymbol{v}_2 - \boldsymbol{v}_1 \tag{4.64}$$

漂移速度用相对速度表示如下：

$$\boldsymbol{v}_{dr,k} = \boldsymbol{v}_{12} - \sum_{k=1}^{n} \frac{\alpha_k \rho_k}{\rho_m} \boldsymbol{v}_{1k} \tag{4.65}$$

式中，下标 1 表示主相，下标 2 表示第二相。

在 Fluent 软件的混合物模型中所使用的是代数滑移模型，因此相对速度可由式(4.66)表示：

$$\boldsymbol{v}_{12} = \tau_{12}\boldsymbol{\alpha} \tag{4.66}$$

式中，$\boldsymbol{\alpha}$ 为第二相粒子的加速度，$\boldsymbol{\alpha} = \boldsymbol{g} - (\boldsymbol{v} \cdot \nabla)\boldsymbol{v}_m - \dfrac{\partial \boldsymbol{v}_m}{\partial t}$；$\tau_{12}$ 为粒子的弛豫时间，

根据 Manninen 理论[26]，τ_{12} 可表示为

$$\tau_{12} = \frac{(\rho_{\mathrm{m}} - \rho_2)d_2^2}{18\mu_1 f_{\mathrm{drag}}}$$

式中，d_2 为第二相颗粒(或液滴、气泡)的直径；f_{drag} 为拽力函数，根据 Schiller 等[27] 的研究，当 $Re \leqslant 1000$ 时，$f_{\mathrm{drag}} = 1 + 0.15Re^{0.687}$，当 $Re > 1000$ 时，$f_{\mathrm{drag}} = 0.0183Re$。

5) 第二相的体积分数方程

由第二相的连续方程可得到第二相的体积分数方程，表示如下：

$$\frac{\partial(\alpha_2 \rho_2)}{\partial t} + \nabla \cdot (\alpha_2 \rho_2 \boldsymbol{v}_{\mathrm{m}}) = -\nabla \cdot (\alpha_2 \rho_2 \boldsymbol{v}_{\mathrm{dr},2}) \tag{4.67}$$

鉴于本章研究的是翅片管气化器在稳态工况下各参数随流速的变化，因此控制方程中与时间有关的项均为零。

4.3.4　气液相变模型

在翅片管气化器中，管内的低温液氮沿管流动吸热气化为氮气，气化过程中低温液氮吸收潜热，气液两相之间发生传热传质现象。而在标准的 Fluent 软件界面中并没有气液相变模型，因此需要使用用户自定义函数(UDF)来计算液氮气化。UDF 是用户自编的程序，利用 C 语言编写，使用 DEFINE 宏来定义，动态地被连接到 Fluent 软件求解器上进行求解。因此，UDF 可以通过编程编译 Fluent 代码来满足用户的一些特殊需要，它的功能主要有定义材料属性、定制边界条件、定义表面和体积反应率、定义用户自定义标量输运方程中的源项扩散率函数以及 Fluent 输运方程中的源项等。

关于气液两相之间的相变过程，包含两个方面：

(1) 靠近加热壁面处，液体吸收通过加热壁面传递过来的热量，当液相温度超过液体饱和温度时变成气体。

(2) 在壁面以外区域，气液两相界面传热引起质量之间的转换。

因此，处理液氮在气化器内发生相变过程的方法即为在混合物能量方程、液相质量方程、气相质量方程中分别加入源项。通常能量和质量源项可以通过以下两种方法获得：

(1) 根据能量平衡关系获得。

(2) 先用实验方法获得气泡在加热壁面上的脱落频率，再由此计算出加热壁面附近的质量和能量源项。

本节采用能量平衡关系，通过 UDF 将液氮在气化器内发生相变的过程处理为

在混合物能量方程、液相质量方程、气相质量方程中分别加入源项来计算的相变过程。

根据能量守恒原理：

$$m_{\mathrm{lg}}h_{\mathrm{lg}} + c_{\mathrm{pl}}\rho_{\mathrm{l}}\alpha_{\mathrm{l}}\left(T - T_{\mathrm{sat}}\right) = 0 \tag{4.68}$$

气体产生速率可表示为

$$m_{\mathrm{lg}} = -\frac{c_{\mathrm{pl}}\rho_{\mathrm{l}}\alpha_{\mathrm{l}}\left(T - T_{\mathrm{sat}}\right)}{h_{\mathrm{lg}}} = -\frac{c_{\mathrm{pl}}T_{\mathrm{sat}}}{h_{\mathrm{lg}}}\rho_{\mathrm{l}}\alpha_{\mathrm{l}}\frac{T - T_{\mathrm{sat}}}{T_{\mathrm{sat}}} = -\alpha\rho_{\mathrm{l}}\alpha_{\mathrm{l}}\frac{T - T_{\mathrm{sat}}}{T_{\mathrm{sat}}} \tag{4.69}$$

式中，α 为松弛系数，用于调节气体产生速率；ρ_{l} 为液相密度，kg/m^3；α_{l} 为液相所占体积；c_{pl} 为液相定压比热容，可表示为 $c_{\mathrm{pl}} = A + BT + CT^2 + DT^3 + ET^4$，其中系数 A、B、C、D、E 由文献[28]中表 1-6 查得；T_{sat} 和 h_{lg} 分别为液氮气化温度和液氮气化潜热，kJ/kg，表示为[29]

$$T_{\mathrm{sat}} = 60.9 + 52.89\left[1 - \exp\left(-\frac{p}{1.84\times10^6}\right)\right] + 20.21\left[1 - \exp\left(-\frac{p}{8.97\times10^6}\right)\right]$$

$$h_{\mathrm{lg}} = 2.11\times10^5 - 9.68\times10^{-2}p + 4.60\times10^{-8}p^2 - 1.05\times10^{-14}p^3$$

即可得能量的变化为

$$Q_{\mathrm{lg}} = \dot{m}h_{\mathrm{lg}} \tag{4.70}$$

将式(4.70)用 C 语言进行编程，并将质量变化和热量变化作为源项输入混合物模型方程中，即可实现液氮的气液相变模拟过程。

4.3.5　求解方法

在所使用的 Fluent 软件中共提供了三种求解方法：压力基隐式求解、密度基隐式求解及密度基显式求解。其中，压力基隐式求解原来主要用于低速不可压缩流动求解，而密度基隐式求解主要是针对高速可压缩流动而设计的。两种求解方法的共同点是均使用有限容积的离散方法，不同点是方程线性化和求解离散方法不同。

压力基求解器是按顺序依次求解动量方程、压力修正方程、能量方程和组分方程及其他标量方程。而密度基求解器可同时求解连续方程、动量方程、能量方程和组分方程，然后顺序求解其他标量方程。密度基求解器收敛速度快，但所需的内存和计算量比压力基求解器大。

对于本章模拟的气化器管内低温液氮沿竖直管向上流动的相变过程，采用 Fluent 软件中默认的压力基求解器即可；控制方程的离散格式采用一阶迎风格式可满足计算准确度的要求；速度-压力耦合计算采用 SIMPLE 算法；当连续方程的残差小于 10^{-4} 时，可认为计算收敛并退出程序。在求解器参数设定后，可设定所选用的混合物模型、RNG k-ε 模型的参数，定义计算中所需的材料属性、多相流的主相及其他相，设置边界条件和初始状态。

4.4　翅片管内低温液体侧流体流动换热数值模拟结果及分析

低温液氮以饱和状态从竖直翅片管气化器下部进口流入沿管向上流动，液氮在管内流动过程中通过吸收从壁面传递的热量在管内发生气液相变，整个过程是一个有相变的传热传质过程。因此，采用 Fluent 软件对液氮在竖直翅片管气化器管内流动相变传热过程进行建模及求解设置。

1. 数值计算流程

数值模拟采用 Fluent 软件进行仿真，模拟过程按图 4.6 所示步骤进行。

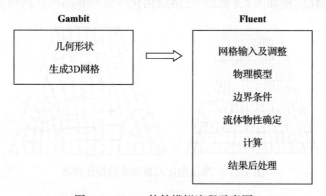

图 4.6　Fluent 软件模拟流程示意图

2. 物理几何模型

在数值模拟计算中，仅对单根翅片管气化器管内相变过程进行模拟。图 4.7 为单根翅片管气化器三维结构图，其中翅片管长度 L 为 1.3m，翅片管内径 D 为 20mm，翅片管壁厚 δ' 为 5mm，翅片高度 H 为 45mm，翅片厚度 δ 为 2mm，相邻两翅片夹角 θ 为 45°。饱和液氮从翅片管底端进入，沿翅片管向上流动并吸收热量发生气化，最后由上侧出口排放到大气中。

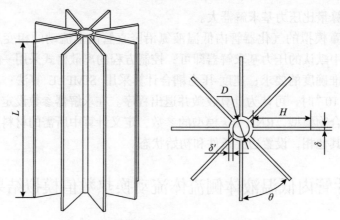

图 4.7　翅片管气化器几何结构示意图

3. 网格划分

翅片管气化器的网格采用 Gambit 软件划分。网格通常可划分为结构化网格和非结构化网格两大类型。在结构化网格中，节点排列、邻点关系很明确；而在非结构化网格中，节点位置无法根据一个固定的法则使其有序的排列。二维结构化网格和非结构化网格如图 4.8 所示。三维结构化网格和非结构化网格如图 4.9 所示。

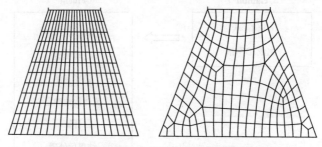

图 4.8　二维结构化网格和非结构化网格

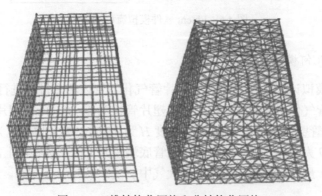

图 4.9　三维结构化网格和非结构化网格

结构化网格的优点如下：

（1）可以很容易地实现区域的边界拟合，对于流体和表面应力集中等方面的计算适用性较好。

（2）可以快速地生成网格。

（3）生成的网格质量好。

（4）数据结构比较简单。

此外，对曲面或空间的网格划分通常采用参数化或样条插值的方法得到，使划分区域较光滑，并且与实际模型更接近。但是，结构化网格最典型的缺点是可适用的范围比较窄。

非结构化网格的优点如下：

（1）可以很方便地生成复杂外形的网格。

（2）可以通过流场中的大梯度区域自适应来提高对间断的分辨率，如激波，并且使基于非结构化网格的网格分区以及并行计算比结构化网格更直接。

在相同网格数量的情况下，非结构化网格与结构化网格相比，非结构化网格所需要的内存更大、计算周期更长，而且对于相同区域的划分可能需要更多的网格数。此外，在采用完全非结构化网格时，因为网格分布各向同性，会给计算结果的精度带来一定的损失，同时对黏流计算而言，还会导致边界层附近的流动分辨率降低。

鉴于此，本例中翅片和翅片管的表面及结构相对简单，因此采用结构化六面体网格划分，而管内流体区域采用非结构化四面体网格划分，总网格数约为 70 万个，其网格结构如图 4.10 所示。

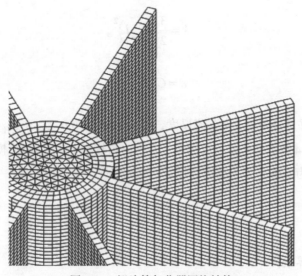

图 4.10　翅片管气化器网格结构

4. 计算模型

计算过程中,湍流模型选用 RNG k-ε 模型,多相流模型选用混合物模型,液氮气液相变模型使用 UDF 来计算。

5. 边界及物性条件确定

1)入口边界条件

对于液氮流动入口边界条件的确定,Fluent 软件提供了速度入口、压力入口、质量入口、进风口、进气扇五种入口边界条件类型,详细说明见表 4.3。本章入口边界只有液氮入口一个,选用速度入口边界条件,速度范围为 0.03~0.30m/s,液氮以饱和温度 77K 流入管内。

表 4.3　入口边界条件表

边界类型	详细说明
速度入口	用于定义流动入口边界的速度和标量
压力入口	用于定义流动入口边界的总压和其他标量
质量入口	用于可压缩流动入口的质量流速
进风口	用于模拟具有指定的损失系数、流动方向以及周围(入口)环境总压和总温的进风口
进气扇	用于模拟外部进气扇,它具有指定的压力跳跃、流动方向以及周围(进口)总压和总温

入口边界处的湍流参数 k 和 ε 的计算公式[30]如下:

$$k = \frac{3}{2}\left(u_{avg}I\right)^2 \tag{4.71}$$

$$\varepsilon = C_\mu^{3/4}\frac{k^{3/2}}{l} \tag{4.72}$$

式中, u_{avg} 为平均速度; l 为湍流尺度,可表示为 $l = 0.07D_H$, D_H 为水力学直径,可表示为 $D_H = 4S/L$, S 为出口面积, L 为出口周长; C_μ 为湍流模型中指定的经验常数,近似为 0.09; I 为湍流强度,可表示为

$$I = \frac{u'}{u_{avg}} \approx 0.16\left(Re_{D_H}\right)^{-1/8} \tag{4.73}$$

2)出口边界条件

对于液氮流动出口边界条件的设置,Fluent 软件提供了压力出口、压力远场、

质量出口、通风口、排气扇五种边界类型，详细说明见表 4.4。计算仅一个液氮气
化出口，设置为压力出口边界条件。

表 4.4　出口边界条件表

边界类型	详细说明
压力出口	用于定义流动出口的静压(在回流中还包括其他的标量)。当出现回流时，使用压力出口边界条件来代替质量出口条件通常可获得更高的收敛速度
压力远场	用于模拟无穷远处的自由可压缩流动，该流动的自由流马赫数及静态条件均已指定。这一边界类型只用于可压缩流动
质量出口	用于在解决流动问题之前，所模拟的流动出口的流速和压力的详细情况还未知的情形。在流动出口是完全发展的状态下可适用，这是因为质量出口边界条件假定了压力之外的所有流动变量正法向梯度为零。对于可压缩流动计算，这一条件并不适用
通风口	用于模拟通风口，它具有指定的损失系数及周围环境(排放处)的静压和静温
排气扇	用于模拟外部排气扇，它具有指定的压力跳跃及周围环境(排放处)的静压

翅片管气化器出口边界处静压(gauge pressure)设为 0MPa，回流条件
(backflow direction specification method)选择 Normal to Boundary，回流温度
(backflow total temprature)的设置应与实际出口温度相差不大，设为 100K，湍
流参数(specification method)按 intensity and hydraulic diameter 方法取值，取值
按式(4.73)计算。

3) 壁面边界条件

壁面边界条件用于限制流体和固体区域。在本节模拟过程中，壁面条件的设
置是将翅片和翅片管共同设置为对流传热边界条件模型，材质为金属铝，环境温
度为 300K 的干空气。

6. 方程离散及求解方法

如前所述，采用基于有限体积法的控制方程离散；离散格式采用一阶迎风格
式；求解器采用基于压力基的求解器进行计算；速度-压力耦合计算采用 SIMPLE
算法；当连续方程的残差小于 10^{-4} 时，可认为计算收敛并退出程序。

7. 数值计算结果分析

图 4.11 和图 4.12 分别为翅片管内流体总换热量、焓差随不同进口流速的变化。
随着进口液氮流速的增大，流量增大，流体总换热量逐渐增大，主要是由于流速
的增加导致流体湍动增强，强化了流体与管壁的传热，所以总换热量是随着进口
流速的增大而增大的，而单位质量的焓差是随着进口流速的增大而减小的。

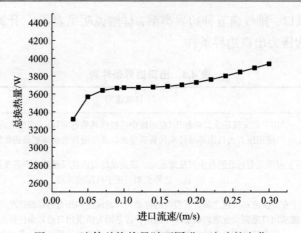

图 4.11　流体总换热量随不同进口流速的变化

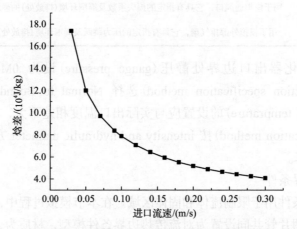

图 4.12　流体焓差随不同进口流速的变化

流体沿管道流动，不可避免地会产生压力降。两相混合物在等直径圆管中稳定流动时，总压降由摩阻、重位和加速压降三部分组成。由图 4.13 可以看出，随着进口流速的增大，压力降逐渐增大，总体变化在 70Pa 左右。其中，加速压降通常由两部分组成，第一部分是由两相流密度沿管长的变化而引起的加速压降，第二部分是由流通面积沿管长的变化而引起的加速压降。对于等直径圆管，第二部分影响因素可以不考虑，由均相模型得到的加速压降公式可表示为[22]

$$\Delta p_a = G^2 \left[x \left(\frac{1}{\rho''} - \frac{1}{\rho'} \right) \right] \tag{4.74}$$

式中，Δp_a 为加速压降；G 为单位面积质量流量；x 为出口干度；ρ'' 和 ρ' 分别表示出口气体和液体的密度。

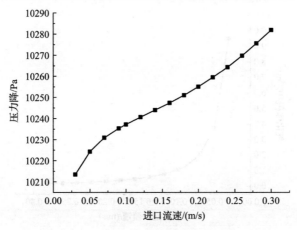

图 4.13　流体压力降随不同进口流速的变化

　　进口流速的增大，流量的增大，换热量的减少，使得液氮沿程气化不完全，出口混合物密度增大，干度增大，综合结果使加速压降增大，总压力降也随之增大。压力降总体变化范围不大，一方面是由于低温液氮具有黏度小的特点，另一方面是由于流速的增加，气化不完全而使气泡减少所引起的附加湍流黏度降低了液体的有效黏度，所以压力降的增加主要是由加速压降引起的。此外，由于模拟的管段距离较短，总体压降损失相对较小。

　　图 4.14 和图 4.15 分别表示氮气含气率随不同进口流速沿管长的变化及翅片管气化器单位质量气化体积随不同进口流速的变化。由图可知，液氮随着进口流速的增加，沿管向上流动吸热气化出口总体积不断减小，含气率逐渐减小。这主要是由于随着流速的增加，单位质量的液氮流出管道的时间变短，换热过程不充分，导致出口气化总体积减小，含气率降低。

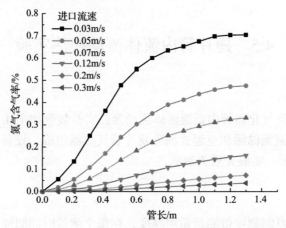

图 4.14　氮气含气率随不同进口流速沿管长的变化

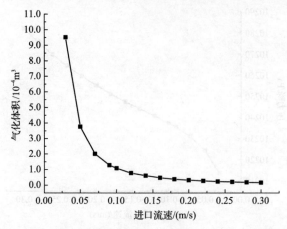

图 4.15　翅片管气化器单位质量气化体积随不同进口流速的变化

综上所述，可得出以下结论：

（1）液氮由气化器底部入口流入管内，沿管向上流动过程中被壁面加热气化，由于进口流速的增加，湍动增强，流体总换热量增加，但是单位质量的液氮从入口到出口的流通时间变短，热量从管外传递到管内流体中心区域的时间变短，单位质量焓差是逐渐减小的。

（2）随着进口流速的增大，流量增大，换热量减少，氮气含气率随不同进口流速沿翅片管长逐渐减小，单位质量气化体积也相应减小。

（3）压力降随着进口流速的增大而增大主要是由加速压降引起的。一方面是由于低温液氮本身具有黏性小的物性特点，另一方面随着进口流速的增大，气化不完全而使气泡减少所引起的附加湍流黏度降低了液体的有效黏度，而且同一翅片管气化器摩阻压降和重位压降的变化总体不大，所以压力降增大主要是由加速压降引起的。

4.5　翅片管内流体流动换热实验

4.5.1　实验装置

空温式翅片管气化器管内低温液体流动换热实验装置如图 4.16 所示。实验装置主要由自增压液氮储罐和空温式深冷翅片管气化器组成，设备参数和实验环境参数如表 3.8 所示，实验介质为液氮。

4.5.2　实验方法

本实验选用自制刻度带测量霜层厚度，在每个测量时间间隔内，霜层变化幅度较小，且在霜层增长过程中，霜晶表面多数呈针状和树枝状生长且分布较稀疏，

图 4.16　实验装置实物图

刻度带如果布置不当就会影响霜晶生长。为方便固定刻度带，同时便于观测，选取处于入口段的前两根翅片管的翅端位置作为霜层厚度测量点，如图 4.17(a) 所示，霜层厚度测量如图 4.17(b) 所示。实验开始后，前 5min 内每隔 1min 记录一次霜层厚度，之后每隔 5min 记录一次，直至有霜晶掉落停止记录。

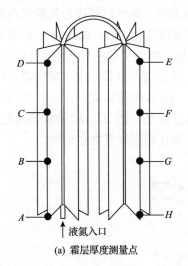

(a) 霜层厚度测量点

(b) 霜层厚度测量示意图

图 4.17　霜层厚度测量

同时，选用铂电阻温度传感器与 HY3005-2 温度巡检仪测量翅片管表面温度。实验选用的气化器有 12 根翅片管，温度测量位置处于每根翅片管的入口处和最后一根翅片管的出口处，共有 13 个温度测量点，如图 4.18 所示。实验开始前，先用酒精清洗测量位置，然后用铝箔胶将经过校准的低温热电偶固定在已清洗的需要测量温度的位置上，每隔 2min 记录一次各个测量点的温度。

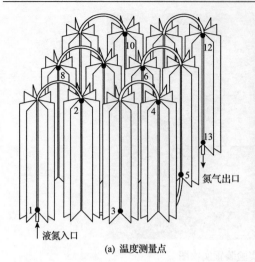

(a) 温度测量点　　　　　　　　　　　　　　(b) 热电偶布置图

图 4.18　温度测量示意图

4.5.3　实验结果分析

1. 霜层厚度测量结果及分析

图 4.19 为不同测量点霜层厚度随时间的变化曲线，图中曲线序号是按管内低温液体走向排列的，曲线 A 是靠近入口处的霜层厚度变化曲线，曲线 H 是距离入口最远处的霜层厚度变化曲线，曲线斜率代表测量点霜的生长速率。实验开始后，液氮由储罐送至气化器，可以观察到输送软管上最先有少量霜生成，紧接着可以观察到第一根翅片管上的几个测量点(A、B、C、D)依次开始成霜，在系统运行一段时间后，可观察到第二根翅片管上的几个测量点(E、F、G、H)的成霜现象。实验进行到 70min 左右，出现霜晶掉落的现象，停止霜层厚度数据记录。

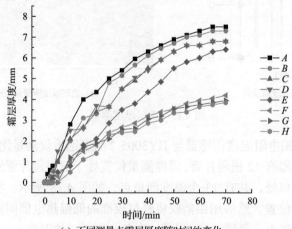

(a) 不同测量点霜层厚度随时间的变化

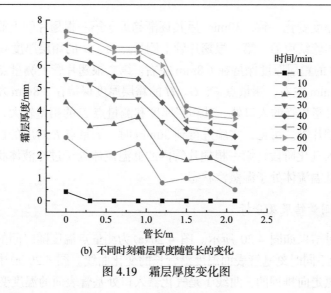

(b) 不同时刻霜层厚度随管长的变化

图 4.19　霜层厚度变化图

根据实验结果，结合图 4.19，可得到以下结论：

(1) 所有测量点结霜时间不同，霜层厚度也不同。翅片管入口处霜层最先形成，且霜层最厚，沿管内流体流动方向，翅片管表面依次出现结霜现象，距离入口越远，霜层越薄。气化器运行过程中，管内低温流体通过翅片管与外界环境换热，使翅片表面温度降低，当湿空气中的水蒸气与温度低于水三相点温度的翅片表面接触时，就会在翅片表面结霜，翅片表面温度越低，霜层越厚。实验开始后，翅片管入口处测量点 A 的温度最先低于水三相点温度，因此最先形成霜层，霜层较厚。随着管内流体的流动，流体温度逐渐升高，翅片表面从环境温度冷却至水三相点温度所需的时间延长，沿管长方向结霜时间依次滞后，霜层依次减薄，如图 4.19(b) 所示。

(2) 如图 4.19(a) 所示，所有测量点的霜层厚度增长速率不同，距离入口越近，增长速率越大。实验开始 30min 内，所有曲线均呈现出杂乱且迅速增长的趋势，说明翅片管表面霜层生长很快，霜层厚度增长速率较大。实验开始 30min 后，所有曲线的变化趋势均逐渐趋于平缓。实验开始 60min 后，所有曲线趋势几乎不变（个别曲线有下降趋势，这是由霜晶掉落引起的）。可见，翅片管表面的结霜过程与周围湿空气温度、冷表面温度及管内低温流体等因素有关。在系统运行初始阶段，翅片管由最初的环境温度骤然降至与管内介质相对应的温度，翅片管表面与周围环境温差较大，霜生长较迅速，且受翅片管冷表面温度的影响较大，冷表面温度越低，结霜速率越大，霜层越厚，霜层厚度增长速率越大。随着时间的推移，翅片管内液氮的平均温度逐渐升高，翅片管表面与周围环境温差减小，使得霜生长逐渐趋于平缓，霜层厚度增长速率减小；待系统达到稳定运行阶段时，霜层厚度趋于稳定，出现霜晶掉落的现象。

(3) 测量点 E 的霜层厚度变化曲线在实验开始 30min 内与第二根翅片管上测

量点的霜层厚度变化一致，30min 后其逐渐趋近于第一根翅片管上测量点的霜层厚度变化。实验结束后，第一根翅片管上测量点 A、B 的霜层厚度高达 7.5mm，测量点 C、D 的霜层厚度保持在 6.8mm 左右。第二根翅片管上测量点 E 的霜层厚度保持在 6.4mm 左右，测量点 F、G、H 的霜层厚度保持在 3.8mm 左右。测量点 E 位于第二根翅片管的入口处，其霜层厚度和测量点 F 的相差较大，在数值上更接近第一根翅片管。可见，实验进行到 30min 时，测量点 E 对应的位置管内低温液体开始进入气化阶段，第一根翅片管内的低温流体处于过冷液体状态，第二根翅片管内的低温流体处于湿蒸汽状态。

2. 温度测量结果及分析

温度测量结果如图 4.20 所示。图 4.20(a)为测量点温度随时间的变化曲线，图 4.20(b)为不同时刻基管表面温度沿管长的变化曲线。图 4.20(a)中曲线序号是顺着管内液氮走向排列的，曲线 1 是气化器入口处基管表面的温度变化，曲线 13 是气化器出口处基管表面的温度变化。其中，测量点 12、13 在同一根翅片管上。当温度变化达到稳定时，停止温度数据记录。本实验所选用的气化器翅片管内不含不锈钢管，铝的导热热阻远小于翅片管表面与空气间的对流换热热阻，因此忽略翅片管的导热热阻，将基管表面温度近似看成管内液氮温度。

根据实验结果，结合图 4.20，可得到以下结论：

(1)所有测量点的温度都先经过一段时间的下降，然后达到稳定值。实验开始后，测量点 1 的温度最先下降，下降幅度最大，其余测量点的温度沿着管长方向下降时间依次滞后，降幅依次减小。随着时间的推移，翅片管内低温流体的平均

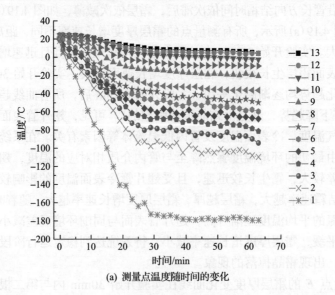

(a) 测量点温度随时间的变化

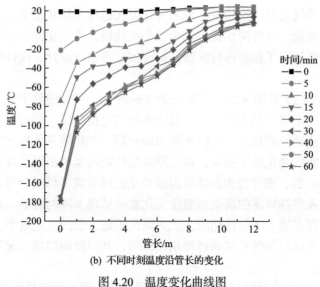

(b) 不同时刻温度沿管长的变化

图 4.20　温度变化曲线图

温度逐渐升高，翅片管表面与周围环境温差逐渐减小，使得所有测量点的温度变化曲线逐渐趋于稳定。实验开始 30min 后，管内流体温度、翅片管表面温度、环境温度都已达到相对稳定的平衡状态，故温度随时间变化曲线达到稳定。可见，实验系统启动后，气化器需经过一段时间的预冷才能进入稳定工作状态。因此，气化器工作状态可分为预冷和稳态两种工作状态。

预冷工作状态下，翅片管入口内壁面温度高于低温流体的饱和温度和其三相点温度，低温流体进入气化器立即被气化，其所对应的管内流体状态为湿蒸汽，处于气液两相对流换热段。翅片管 0～6m 处的表面温度变化曲线较相近且陡峭，可归为同一个换热段即同处于气液两相对流换热段。翅片管 6～12m 处的表面温度变化曲线类似且平缓，可知其所对应的管内流体状态为过热蒸汽，处于单气相对流换热段。可见，在预冷工作状态下，低温流体进入气化器后迅速气化，流体在翅片管内气化只包含气液两相和单气相两个换热段，若气化器运行时间比较短，则应按预冷工作状态设计，设计时分成两段来计算。

(2)所有测量点的温度达到稳定所需的时间不同。测量点 13 的温度最先达到稳定。系统运行 30min 后，测量点 1 的温度才达到稳定，至此所有测量点的温度都已达到稳定，说明气化器完成了预冷过程，进入稳定工作状态。其中，测量点 1 的温度保持在一个相对稳定的低温状态，可知其所对应的管内流体状态为过冷液体，处于单液相对流换热段。测量点 2～8 的温度在恒定值附近小范围波动，翅片管表面温度的波动是由管内液体沸腾气化，管壁时而和气泡接触，时而和低温液体接触引起的，可知其所对应的管内流体状态为湿蒸汽，处于气液两相对流换热段。测量点 9～13 的温度随时间不再变化，可知其所对应的管内流体状态为过热蒸汽，处于单气相对流换热段。说明气化器在稳定工作状态下，流体在翅片管内气化包含单液相、气液两相和单气相三个换热段，若气化器运行时间比较长，在很短时间内就达到了稳定运行状态，则应按稳态运行设计，设计时分成三段来计算。

(3)对比图 4.19 和图 4.20，实验开始 30min 内，气化器处于预冷工作状态，前两根翅片管内流体状态为湿蒸汽，处于沸腾气化换热段，霜层厚度变化曲线呈现出杂乱且迅速增长的趋势。实验开始 30min 后，气化器进入稳定工作状态，翅片管表面温度曲线变化趋于稳定，霜层厚度变化曲线呈现出规律且平缓的趋势。实验开始 60min 后，翅片管表面部分温度变化曲线呈现下降的趋势，霜层厚度达到最大值并出现霜晶掉落的现象。温度变化曲线呈现下降的趋势，这是由于翅片管外因霜层的存在增大了传热热阻，大大降低了翅片管的换热效率。可见，管内低温液体的气化过程与管外结霜过程相互作用，共同影响结霜工况下的翅片管气化器换热效率。

与此同时，实验中观察到每个对流换热段的翅片管表面霜晶生长情况均不同。在单液相对流换热段即整个气化器的第 1 根翅片管，翅片管表面霜晶主要沿厚度生长，多数呈针状和树枝状，易吹落，待霜层增长到一定厚度就会有霜桥形成，继而有霜晶掉落，霜桥的形成不利于翅片管的传热。因此，在设计单液相对流换热段的翅片管时，应考虑减少翅片个数，以避免因翅片间距过小导致使用过程中翅片间形成霜桥而大幅度降低传热性能。在气液两相对流换热段即整个气化器的第 2~8 根翅片管，霜晶生长主要表现为增加霜层的密度，霜层生长均匀而缓慢，且霜最先在翅端生长，其厚度沿着径向逐渐减小，基管表面几乎无霜形成，如图 4.17(b)所示。因此，设计气液两相对流换热段的翅片管时，在考虑翅片表面霜层的情况下，可适当增加翅片个数和翅片高度以强化翅片管传热性能。在单气相对流换热段即整个气化器的最后 4 根翅片管，翅片管表面的温度高于水的三相点温度，翅片管表面只有很细密的水珠，并无霜晶形成，说明此段的换热效果较好，可按普通换热器设计计算，无须考虑霜层。

参 考 文 献

[1] 鲁钟琪. 两相流与沸腾传热[M]. 北京: 清华大学出版社, 2002.

[2] Taitel Y, Barnea D, Dukler A E. Modelling flow pattern transitions for steady upward gas-liquid flow in vertical tubes[J]. AIChE Journal, 1980, 26: 345-354.

[3] Weisman J, Kang S Y. Flow pattern transitions in vertical and upwardly inclined lines[J]. International Journal of Multiphase Flow, 1981, 7(3): 271-291.

[4] Dukler A E, Taitel Y. Flow pattern transitions in gas-liquid systems: Measurement and modeling[C]. Multiphase Science and Technology, Washington D.C., 1986: 1-94.

[5] McQuillan K W, Whalley P B. Flow patterns in vertical two-phase flow[J]. International Journal of Multiphase Flow, 1985, 11(2): 161-175.

[6] Wallis G B. One-Dimensional Two-Phase Flow[M]. New York: McGraw-Hill, 1969.

[7] Kaichiro M, Ishii M. Flow regime transition criteria for upward two-phase flow in vertical tubes[J]. International Journal of Heat and Mass Transfer, 1984, 27(5): 723-737.

[8] Chen X T, Brill J P. Slug to churn transition in upward vertical two-phase flow[J]. Chemical Engineering Science, 1997, 52(23): 4269-4272.

[9] Brauner N, Barnea D. Slug/Churn transition in upward gas-liquid flow[J]. Chemical Engineering Science, 1986, 41(1): 159-163.

[10] Jayanti S, Hewitt G F. Prediction of the slug-to-churn flow transition in vertical two-phase flow[J]. International Journal of Multiphase Flow, 1992, 18(6): 847-860.

[11] Golan L P, Stenning A H. Two-phase vertical flow in vertical tubes[J]. The Institution of Mechanical Engineers, 1970, 184(3C): 105-114.

[12] Moissis R. The transition froth slug to homogeneous two phase flows[J]. Journal of Heat Transfer-transactions of the Asme, 1963, 85: 366.

[13] 昌锟. 低温翅片管换热器的设计计算研究[D]. 兰州: 兰州理工大学, 2006.

[14] Collier J G, Thome J R. Convective Boiling and Condensation[M]. Oxford: Claredon Press, 1944.

[15] Bowring R W. Physical model, based on bubble detachment, and calculation of steam voidage inhe sub-cooled region of a heated channel[R]. Kongeriket Norge: Institutt for Atomenergi, 1962.

[16] Griffith P, Clark J A, Rohsenow W. Paper 58-HT-19, ASMEAICHE[C]. Heat Transfer Conference, Chcago, 1958: 8.

[17] Bergles A E, Rohsenow W M. The determination of forced-convection surface-boiling heat transfer[J]. Journal of Heat Transfer, 1964, 86(3): 365-372.

[18] Klimenko V V. A generalized correlation for two-phase forced flow heat transfer[J]. International Journal of Heat and Mass Transfer, 1988, 31(3): 541-552.

[19] Steiner D. Heat transfer during flow boiling of cryogenic fluids in vertical and horizontal tubes[J]. Cryogenics, 1986, 26(5): 309-318.

[20] Shah M M. New correlation for heat transfer during boiling flow through pipes[J]. ASHRAE Transactions, 1976, 82(2): 66-86.

[21] 李祥东. 竖直通道内液氮流动沸腾的双流体模型及沸腾两相流不稳定性研究[D]. 上海: 上海交通大学, 2006.

[22] 陈之航, 槽柏林, 赵在三. 气液双相流动和传热[M]. 北京: 机械工业出版社, 1983.

[23] 陈学俊. 气液两相流与传热基础[M]. 北京: 科学出版社, 1995.

[24] Groeneveld D C, Moeck E O. An investigation of heat transfer in the liguid-deficient regime[R]. Atomic Energy of Canada Limited, 1969.

[25] Yakhot V, Orzag S A. Renormalization group analysis of turbulence: Basictheory[J]. Journal of Scientific Computing, 1986, 1: 3-11.

[26] Mikko M, Taivassalo V, Kallio S. On the Mixture Model for Multiphase Flow[M]. Helsinki: VTT, 1996.

[27] Schiller L, Naumann Z. A drag coefficient correlation[J]. V.D.I. Zeitung, 1935, 77: 318-320.

[28] 赵敏. 制冷原理与系统: 能量解析[M]. 成都: 西南交通大学出版社, 1991.

[29] Reynolds W C. Thermodynamic properties in SI[D]. Stanford: Stanford University, 1979.

[30] 陶文铨. 数值传热学[M]. 2 版. 西安: 西安交通大学出版社, 2001.

第5章　空温式翅片管气化器传热分析及设计计算

5.1　空温式翅片管气化器整体传热传质分析

空温式翅片管气化器是由翅片换热管按一定的间距串联或并联组成的。区别于一般的管壳式换热器，空温式翅片管气化器用翅片管代替光管作为传热面，从而加强传热，使结构更为紧凑。其中，翅片管采用热效率极高的特种铝合金，对于由冲压成型的星形翅片管和芯管套接而成的高压气化器，除翅片管采用热效率极高的特种铝合金之外，其芯管采用高强度的特殊不锈钢管，并且芯管与翅片管通过高压胀接连接以保持紧密的接触。气化器工作时，热量从湿空气依次通过霜层、翅片管，然后传递给管内的低温介质。根据管内低温介质的相态不同，翅片管内换热过程又分为液相区、气液两相区及气相区三部分，如图 5.1 所示。翅片管空气侧有无结霜及管内不同区域的换热特性差异对空温式气化器传热特性影响很大，应对各区域分别进行传热分析及设计计算。

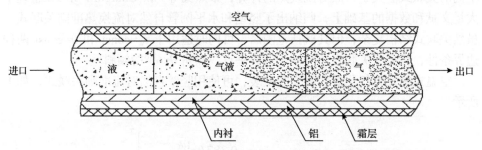

图 5.1　(高压气化器)翅片管内传热分段示意图

为便于对气化器进行设计计算，需对气化器的传热进行以下假设：

(1)管内低温介质沿换热管做一维流动。

(2)翅片管的传热过程为准稳态过程。

(3)对于低压气化器，只需要考虑翅片管的导热；对于高压气化器，除了需要考虑翅片管的导热，还需要考虑芯管的导热，并假设芯管与翅片管之间接触良好，忽略接触热阻。

(4)忽略霜层沿翅片管轴向的传热，认为热量只沿霜层生长厚度方向传递，即沿着翅片管表面到霜层表面的一维方向。

(5)翅片管材料各向同性，导热系数不随温度的变化而变化。

5.2　单液相区翅片管传热分析及设计计算

5.2.1　无霜工况下单液相区翅片管传热分析及设计计算

无霜工况下翅片管传热过程包括翅片管外表面与湿空气之间的自然对流换热和辐射换热、翅片管的导热、翅片管内表面与低温介质之间的强制对流换热。

1. 翅片管外空气侧表面换热系数计算

当翅片管表面无结霜时,翅片管外的传热计算仅考虑翅片管外表面与湿空气间的对流换热与辐射换热。

1)翅片管表面与湿空气间的自然对流换热

空温式深冷翅片管气化器多为露天安装,翅片管与周围环境间的对流换热问题可近似看成大空间自然对流传热范畴。大空间自然对流,是指热边界层的发展不受干扰或阻碍的自然对流,而不拘泥于几何上的很大或无限大[1]。自然对流传热方式具有安全、经济、无噪声等特点,广泛存在于多种工业技术中。与强制对流一样,自然对流也有层流和湍流之分,不同流动形态的自然对流传热规律具有不同的关联式。关于自然对流换热的计算,章熙民等[2]和 Churchill 等[3]在整理了大量文献和数据的基础上,归纳出了竖壁和水平圆管自然对流换热准则关联式,虽然关联式结构复杂,但其概括范围广,可同时适用于 t_w=const 和 q=const 两种边界条件,且竖壁关联式还可用于偏离垂直线倾角 θ<60°的倾斜壁。

空温式翅片管气化器多为立式安装,可使用竖壁自然对流准则关联式,如下所示:

$$Nu = \left\{ 0.825 + \frac{0.387 Ra^{1/6}}{\left[1 + (0.492/Pr)^{9/16} \right]^{8/27}} \right\}^2 \tag{5.1}$$

式(5.1)适用范围为:适用于任何 Ra,定性温度为 $t_m = (t_w + t_a)/2$;定型尺寸为 l,这里取翅片管安装高度。

$$Ra = Gr \cdot Pr \tag{5.2}$$

$$Gr = \frac{g \beta \Delta t l^3}{v^3} \tag{5.3}$$

$$Pr = \frac{v}{\alpha} \tag{5.4}$$

$$h_{aoc} = \frac{Nu\lambda}{l} \tag{5.5}$$

式中，Nu 为努塞特数；Ra 为瑞利数；Pr 为普朗特数；Gr 为格拉斯霍夫数；β 为空气体积膨胀系数，K^{-1}，对于理想气体，$\beta = 1/T_a$；t_w 为翅片管外表面温度，℃；t_a 为环境空气温度，℃；Δt 为环境空气温度 t_a 和翅片管外表面温度 t_w 之差，℃；ν 为空气运动黏度，m^2/s；α 为热扩散率，m^2/s；h_{aoc} 为无霜工况下翅片管表面自然对流换热系数，$W/(m^2 \cdot K)$。

2) 翅片管表面与湿空气间的辐射换热

无霜工况下翅片管表面与大气环境间的辐射表面传热系数 h_{aor} 为

$$h_{aor} = C_b \frac{T_a^4 - T_w^4}{\left(\dfrac{1}{\varepsilon_a} + \dfrac{1}{\varepsilon_w} - 1\right)(T_a - T_w)} \times 10^{-8} \tag{5.6}$$

3) 翅片管外空气侧表面换热系数计算

无霜工况下空温式翅片管气化器与周围空气之间既有对流换热，又有辐射换热，可将翅片管空气侧的表面换热热阻表示为对流换热热阻与辐射换热热阻并联的结果，即空气侧复合表面换热系数为

$$h_{ao} = h_{aoc} + h_{aor} \tag{5.7}$$

式中，h_{ao} 为无霜工况下翅片管外空气侧表面换热系数，$W/(m^2 \cdot K)$。

2. 低温介质与翅片管内表面对流换热系数计算

在单相流体对流换热区，空温式翅片管气化器内低温介质侧换热在传热学范畴内属于内部强制对流传热。根据管内低温介质流动状态不同，又可分为层流换热、湍流换热和过渡流换热，其分界点为以管道内径为特征尺度的 Re，$Re<2300$ 为层流，$Re>10000$ 为湍流，$2300 \leqslant Re \leqslant 10000$ 为过渡流。

1) 层流换热

翅片管内的低温介质在层流状态下，呈细直的流束状，各流层间互不掺混，比较规则，只存在各流层间由黏性引起的滑动摩擦阻力。管内层流换热的理论分析工作已相对成熟，有许多实验关联式可供选用，实际工程换热设备中，单液相区层流换热可采用 Sieder-Tate 等壁温层流实验关联式[2,4]来计算长度为 L 的管道的平均 Nu，表达式如下：

$$Nu_f = 1.86 Re_f^{1/3} Pr_f^{1/3} \left(\frac{d}{L}\right)^{1/3} \left(\frac{\mu_f}{\mu_w}\right)^{0.14} \tag{5.8}$$

式中，定性温度为管内低温介质平均温度 t_f；实验验证范围为 $0.48 < Pr_f < 16700$，

$0.0044 < \dfrac{\mu_f}{\mu_w} < 9.75$，$\left(\dfrac{Re_f Pr_f}{L/d}\right)^{1/3} \left(\dfrac{\mu_f}{\mu_w}\right)^{0.14} \geqslant 2$。

$$Re_f = \frac{ul}{v} \tag{5.9}$$

$$Pr_f = \frac{c_p \mu_f}{\lambda} \tag{5.10}$$

$$h_{ai} = \frac{Nu_f \lambda}{l} \tag{5.11}$$

式中，Nu_f 为翅片管内低温介质努塞特数；Pr_f 为翅片管内低温介质普朗特数；Re_f 为翅片管内低温介质瑞利数；u 为翅片管内低温介质流速，m/s；v 为翅片管内低温介质运动黏度，m^2/s；μ_f 和 μ_w 分别为翅片管内低温介质温度 t_f 和内壁面温度 t_w 对应下的动力黏度，$(N \cdot s)/m^2$；λ 为翅片管内低温介质导热系数，W/(m·K)；c_p 为翅片管内低温介质定压比热容，J/(kg·K)；l 为定型尺寸，这里取翅片管内径；h_{ai} 为无霜工况下翅片管内壁与低温介质间的对流换热系数，$W/(m^2 \cdot K)$。

2）湍流换热

翅片管内低温介质在湍流状态下，各流层间互相剧烈掺混，极不规则，不仅存在各流层间由黏性引起的滑动摩擦阻力，还存在各低温介质质点由于掺混、互相碰撞引起的惯性阻力，湍流阻力比层流阻力大得多。湍流换热涉及流体微团间的运动，流体微团含有大量分子，与分子运动一样，湍流的脉动使流体微团运动更加强烈，因此从传热学的角度来看，湍流可强化气化器的换热效果。

对于管道内湍流换热，采用 Sieder-Tate 实验关联式进行计算[4]，对于液体，温度变化会导致其黏性发生变化，其他物性变化相对较小。因此，对于液体，对 μ 进行修正，相应的对流换热修正实验关联式如下：

$$Nu_f = 0.027 Re_f^{0.8} Pr_f^{1/3} \left(\mu_f / \mu_w\right)^{0.14} \tag{5.12}$$

$$h_{ai} = \frac{Nu_f \lambda}{l} \tag{5.13}$$

式中，定性温度为管内低温介质平均温度 t_f；定型尺寸 l 为翅片管内径。实验验证范围为 $0.7 < Pr_f < 16700$，$Re_f > 10^4$，$L/d > 10$。

3）过渡流换热

过渡流是存在于层流和湍流之间的一种流动状态，翅片管内低温介质在湍流状态下，低温介质的流线出现波浪状摆动和涡体，摆动频率及振幅随流速的增加

而增加。过渡流区域的换热程度介于层流和湍流之间，不稳定，易多变。因此，针对翅片管内低温介质在过渡流状态下换热，Gnielinski[5]在整理了诸多关联式和实验数据的基础上，针对过渡流换热提出了如下实验关联式：

$$Nu_\mathrm{f} = 0.012\left(Re_\mathrm{f}^{0.87} - 280\right)Pr_\mathrm{f}^{0.4}\left[1 + \left(\frac{d}{L}\right)^{2/3}\right]\left(\frac{Pr_\mathrm{f}}{Pr_\mathrm{w}}\right)^{0.11} \tag{5.14}$$

$$h_\mathrm{ai} = \frac{Nu_\mathrm{f}\lambda}{l} \tag{5.15}$$

式中，Pr_w 为翅片管内壁面温度 t_w 对应的普朗特数；定性温度为管内低温介质平均温度 t_f；定型尺寸 l 为翅片管内径。实验验证范围为 $1.5 < Pr_\mathrm{f} < 500$，$0.05 < Pr_\mathrm{f} / Pr_\mathrm{w} < 20$，$2300 < Re_\mathrm{f} < 10^4$。

3. 换热管热传导计算

单根翅片管结构如图 5.2 所示，一般为加装了 6 片或 8 片冲压成型的翅片的铝合金材质圆管。图中，L 为单根翅片管长度，H 为翅片高度，D_i 为翅片管内径，δ 为翅片厚度，θ 为翅片夹角。

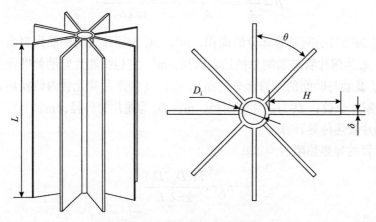

图 5.2　翅片管结构示意图

1) 翅片换热效率

为了表征翅片散热的有效程度，通常用 η_f 表示单根翅片的翅片效率，可表述如下：

$$\eta_\mathrm{f} = \frac{实际散热量}{假设整个肋表面处于肋基温度下的散热量}$$

空温式翅片管气化器翅片采用等截面直肋，其翅片效率 η_f 采用如下公式表示：

$$\eta_f = \frac{\text{th}(mH)}{mH} \tag{5.16}$$

$$m = \sqrt{\frac{2h_{ao}}{\lambda_c \delta}} \tag{5.17}$$

式中, m 为翅片系数; h_{ao} 为无霜工况下翅片管外表面与湿空气间的表面换热系数, $W/(m^2 \cdot K)$; λ_c 为翅片所用材料的导热系数, $W/(m \cdot K)$。

换热管翅片的肋面总效率 η_o 表示如下:

$$\eta_o = \frac{A_0' + \eta_f A_0''}{A_0} \tag{5.18}$$

其中,

$$A_0' = (\pi D_o - n\delta)L \tag{5.19}$$

$$A_0'' = n(2H + \delta)L \tag{5.20}$$

则管外翅片的肋化系数 β 为

$$\beta = \frac{A_o}{A_i} = \frac{A_0' + A_0''}{A_i} = \frac{\pi D_o L + 2nHL}{\pi D_i L} \tag{5.21}$$

式中, A_0' 为肋与肋间基管部分的面积, m^2; A_0'' 为翅片管肋侧肋面突出部分的面积, m^2; A_o 为翅片管外肋侧总换热表面积, m^2, 它包括翅片管肋侧肋面突出部分的面积 A_0'' 及肋与肋间的基管部分的面积 A_0'; A_i 为翅片管光管内侧换热表面积, m^2; n 为翅片个数; D_i 为翅片管内径, m; D_o 为翅片管外径, m。

2) 翅片管热传导计算

翅片管的导热热阻为

$$R_p = \frac{\ln(D_o / D_i)}{2\pi \lambda_p L} \tag{5.22}$$

式中, R_p 为翅片管导热热阻, $(m^2 \cdot K)/W$; λ_p 为翅片管所用材料导热系数, $W/(m \cdot K)$。

4. 翅片管传热系数计算

无霜工况下, 空温式翅片管气化器单液相区换热管整体传热系数 K 表达式如下所示:

$$K = \frac{1}{\dfrac{1}{h_{ai}} + \dfrac{D_i}{2\lambda_p} \ln\left(\dfrac{D_o}{D_i}\right) + \dfrac{1}{\eta_0 \beta h_{ao}}} \tag{5.23}$$

式中，K 为单液相区翅片管整体传热系数，W/(m²·K)。

5. 换热量计算

对数平均温差计算式为

$$\Delta t_{\mathrm{m}} = \frac{\Delta t_1 - \Delta t_2}{\ln \dfrac{\Delta t_1}{\Delta t_2}} \tag{5.24}$$

式中，Δt_1 为单液相区进口处管内外流体温度差，℃；Δt_2 为单液相区出口处管内外流体温度差，℃。

假设传热过程中的传热量为 Φ，则

$$\Phi = K A_{\mathrm{i}} \Delta t_{\mathrm{m}} \tag{5.25}$$

假设翅片管外空气侧的换热量为 Φ'，则

$$\Phi' = h_{\mathrm{ao}} A_{\mathrm{o}} (t_{\mathrm{a}} - t_{\mathrm{w}}) = h_{\mathrm{ao}} (A'_0 + A''_0)(t_{\mathrm{a}} - t_{\mathrm{w}}) \tag{5.26}$$

根据热量守恒，应有 $\Phi = \Phi'$，而翅片管外空气侧的定性温度为翅片管壁面温度和空气温度的平均值，由于翅片管壁面温度未知，需采用试算法，即先假设一个翅片管壁面温度。低温液体侧的换热系数一般远大于空气侧的换热系数，壁温应较接近于低温液体的温度，因此先假设一个接近低温液体温度的值作为壁温的初始值来试算。反复试算，直至 Φ 和 Φ' 两者相差不大，满足一定的精度要求，说明假设的翅片管壁面温度合理，试算结束，具体计算流程如图 5.3 所示。

6. 液相区翅片管总长度计算

1) 总吸热量的计算

总吸热量计算式为

$$\Phi_{\mathrm{a}} = c_p q_{\mathrm{m}} \Delta t \tag{5.27}$$

式中，Δt 为低温液体出口与进口的温度差，℃；q_{m} 为质量流量，kg/s。

2) 液相区翅片管总长度

由 $\Phi = K A_{\mathrm{i}} \Delta t_{\mathrm{m}} = K \pi D_{\mathrm{i}} L \Delta t_{\mathrm{m}}$，可得单位管长的传热量为

$$\Phi_1 = \frac{\Phi}{L} = K \pi D_{\mathrm{i}} \Delta t_{\mathrm{m}} \tag{5.28}$$

则单液相区翅片管总长度为

$$L = \frac{\Phi_a}{\Phi_l} \tag{5.29}$$

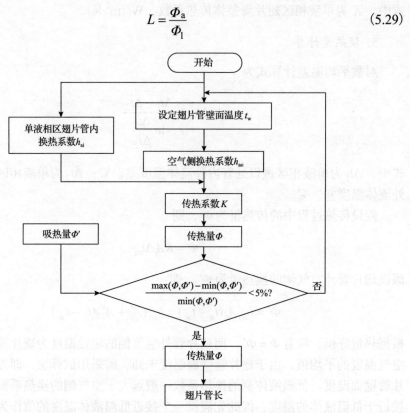

图 5.3　无霜工况下单液相区翅片管传热计算流程

7. 单液相区对流换热管内压降计算

翅片管内低温介质为克服流动阻力存在压降, 当翅片管内为单相流动时, 摩擦系数与压降可由式(5.30)计算:

$$\Delta p = f \frac{L}{D} \frac{\rho u_m^2}{2} \tag{5.30}$$

式中, f 为摩擦系数, 其一般由实验测得压降 Δp 及平均流速 u_m 后通过式(5.30)计算得出, 这样可以获得较为精确的值。在没有可参考的实验数据情况下, 摩擦系数也可以由经验公式进行估算。

对于湍流流动, 摩擦系数 f 取决于翅片管内壁面的粗糙度 Ks 和 Re。摩擦系数的计算公式为

$$f = \left[2 \lg \left(\frac{Re}{Ks} \right) + 1.74 \right]^{-2} \tag{5.31}$$

对于层流流动，粗糙度对换热的影响可以忽略不计，即可认为换热与粗糙度无关，摩擦系数 f 为 Re 的单值函数：

$$f = \frac{64}{Re} \tag{5.32}$$

5.2.2 结霜工况下单液相区翅片管传热分析及设计计算

结霜工况下，单液相区翅片管传热过程主要包括霜层表面与湿空气之间的自然对流换热、辐射换热，霜层的导热，翅片管的导热，翅片管内表面与低温介质之间的强制对流换热。

1. 翅片管外空气侧表面换热系数计算

1) 霜层热阻的计算

空温式气化器翅片管表面结霜是湿空气与翅片管表面间流动换热过程中因湿空气内部温度变化引起密度差异，而与换热过程同时发生的一个传质过程。其涉及水蒸气迁移、相转移、冻结、形成霜、霜生长、回融等过程，影响结霜过程的因素非常多，除了与湿空气的温度、相对湿度、流速等因素有关，还与翅片形状、尺寸、翅片夹角、翅片管的表面性状等因素有关。很多学者利用各种理论建立了霜层生长模型，并对霜密度、导热系数等物性参数进行了计算。

陈叔平等应用分形理论建立了接近霜晶体真实生长过程的霜层生长模型，获得了深冷表面霜层实际生长结构的剖面孔隙面积分布分形维数与孔隙率，建立了霜导热系数计算模型[6]，具体表达如下：

$$\lambda_{\text{frost}} = \frac{\lambda_a \lambda_i \left(1 - \varepsilon^{2/3}\right)\left(1 - \varepsilon^{1/3}\right)\left(\varepsilon^{2/3} + \varepsilon\right) + \lambda_a^2 \left(1 - \varepsilon^{2/3}\right)^2}{\lambda_i \varepsilon \left(1 - \varepsilon^{1/3}\right)^2 + \lambda_a \left(1 - \varepsilon^{1/3}\right)\left(1 - \varepsilon^{2/3}\right)} \tag{5.33}$$

式中，λ_{frost} 为霜层导热系数，$W/(m \cdot K)$；λ_a 为空气导热系数，$\lambda_a = 0.024 W/(m \cdot K)$；$\lambda_i$ 为霜层冰柱导热系数，$\lambda_i = 1.88 W/(m \cdot K)$；$\varepsilon$ 为多孔介质平均体孔隙率。

在此基础上，翅片管表面霜层的导热热阻可以表示为

$$R_{\text{frost}} = \frac{\delta_{\text{frost}}}{\lambda_{\text{frost}}} \tag{5.34}$$

式中，R_{frost} 为翅片管表面霜层的导热热阻，$(m^2 \cdot K)/W$；δ_{frost} 为霜层的厚度，m，可以通过实验测得。

2) 霜层表面与湿空气间的换热

空温式翅片管气化器表面有霜层出现时，空气侧霜层表面与湿空气间的换热形式依然为大空间自然对流换热，仍采用章熙民等[2]和 Churchill 等[3]实验关联式，即

$$Nu = \left\{ 0.825 + \frac{0.387 Ra^{1/6}}{\left[1 + (0.492/Pr)^{9/16} \right]^{8/27}} \right\}^2$$

该公式适用于任何 Ra，定性温度为 $t_m = (t_{frost} + t_a)/2$；定型尺寸为 l，这里取翅片管安装高度。

$$Ra = Gr \cdot Pr$$

$$Gr = \frac{g \beta \Delta t l^3}{v^3}$$

$$Pr = \frac{v}{\alpha}$$

$$h_{foc} = \frac{Nu \lambda}{l} \tag{5.35}$$

式中，Δt 为环境空气温度 t_a 和霜层表面温度 t_{frost} 之差，℃；h_{foc} 为结霜工况下霜层表面自然对流换热系数，$W/(m^2 \cdot K)$。其余各物理符号与式(5.1)～式(5.5)一致，此处不再赘述。

如前所述，结霜工况下霜层表面与大气环境间的表面辐射传热系数为

$$h_{for} = C_b \frac{T_a^4 - T_{frost}^4}{\left(\frac{1}{\varepsilon_a} + \frac{1}{\varepsilon_{frost}} - 1 \right)(T_a - T_{frost})} \times 10^{-8} \tag{5.36}$$

结霜工况下空温式气化器翅片管外空气侧表面复合换热系数为

$$h_{fo} = h_{foc} + h_{for} \tag{5.37}$$

式中，h_{fo} 为结霜工况下翅片管外空气侧表面换热系数，$W/(m^2 \cdot K)$。

2. 低温介质与翅片管内表面对流换热系数计算

结霜工况下翅片管内对流换热计算均与上述 5.2.1 节无霜工况下单液相区低

温液体与翅片管内壁对流换热系数计算公式(5.8)～公式(5.15)一致。

3. 换热管热传导计算

空温式翅片管气化器翅片的翅片效率 η_f 采用如下公式表示：

$$\eta_f = \frac{\text{th}(mH)}{mH} \tag{5.38}$$

$$m = \sqrt{\frac{2h_{fo}}{\lambda_c \delta}} \tag{5.39}$$

换热管翅片的肋面总效率 η_o 及翅片管热传导计算与上述 5.2.1 节中式(5.18)～式(5.22)一致。

4. 翅片管传热系数计算

当单液相区换热管表面结霜时，空温式气化器换热管整体传热系数 K_f 表达式为

$$K_f = \frac{1}{\dfrac{1}{h_{fi}} + \dfrac{D_i}{2\lambda_p}\ln(D_o/D_i) + \dfrac{\delta_{\text{frost}}}{\lambda_{\text{frost}}} + \dfrac{1}{\eta_0 \beta h_{fo}}} \tag{5.40}$$

式中，h_{fi} 为结霜工况下单液相区翅片管内侧对流换热系数，$W/(m^2 \cdot K)$，数值与 5.2.1 节中 h_{ai} 相同；K_f 为结霜工况下单液相区翅片管整体传热系数，$W/(m^2 \cdot K)$。

5. 换热量计算

对数平均温差计算式为

$$\Delta t_{m,f} = \frac{\Delta t_1 - \Delta t_2}{\ln \dfrac{\Delta t_1}{\Delta t_2}} \tag{5.41}$$

式中，Δt_1 为单液相区进口处管内外流体温度差，℃；Δt_2 为单液相区出口处管内外流体温度差，℃。

假设传热过程中的传热量为 Φ，则

$$\Phi = K_f A_i \Delta t_{m,f} \tag{5.42}$$

假设翅片管外空气侧的换热量为 Φ'，则

$$\Phi' = h_{\mathrm{fo}} A_{\mathrm{o}} (t_{\mathrm{a}} - t_{\mathrm{frost}}) \tag{5.43}$$

同理，根据热量守恒，应有 $\Phi = \Phi'$，结霜工况下，翅片管的表面会结一层霜。随着装置运行时间的延长，霜层越来越厚，结霜的翅片管越来越多，则壁表面的温度实际上应该是霜层的温度，空气侧的定性温度应该是霜层表面温度和空气温度的平均值。由于翅片管壁面温度和霜层表面温度未知，需采用试算法，即先假设一个翅片管壁面温度和霜层表面温度。随着时间的推移，霜层表面温度由初始的壁温逐渐升高，因此先假设一个接近低温液体温度的值作为霜层表面温度的初始值来试算。反复试算，直至 Φ 和 Φ' 两者相差不大，满足一定的精度要求，说明假设的翅片管壁面温度和霜层表面温度合理，试算结束，具体计算流程如图 5.4 所示。

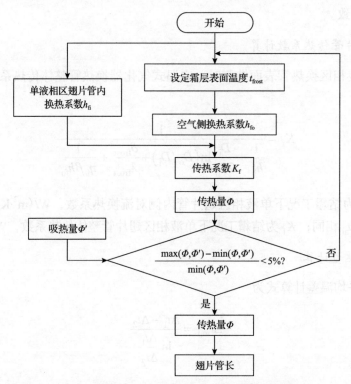

图 5.4　结霜工况下单液相区翅片管传热计算流程

6. 液相区翅片管总长度计算

1) 总吸热量的计算

总吸热量计算式为

$$\Phi_{\mathrm{a,f}} = c_p q_{\mathrm{m}} \Delta t \tag{5.44}$$

式中，Δt 为低温液体出口与进口的温度差，℃；q_m 为质量流量，kg/s。

2）液相区翅片管总长度

由 $\Phi = K_f A_i \Delta t_{m,f} = K_f \pi D_i L \Delta t_{m,f}$，可得单位管长的传热量为

$$\Phi_{l,f} = \frac{\Phi}{L} = K_f \pi D_i \Delta t_{m,f} \tag{5.45}$$

则单液相区翅片管总长度为

$$L_f = \frac{\Phi_{a,f}}{\Phi_{l,f}} \tag{5.46}$$

7. 单液相区对流换热管内压降计算

翅片管内低温介质为克服流动阻力存在压降，结霜工况下其内摩擦系数与压降的计算与 5.2.1 节中式（5.30）～式（5.32）一致，此处不再赘述。

5.3 气液两相区翅片管传热分析及设计计算

5.3.1 无霜工况下气液两相区翅片管传热分析及设计计算

空温式翅片管气化器的目的是将翅片管内的液氮、液氧或 LNG 等低温介质气化成具有一定温度和压力的气体，低温介质在翅片管内经历了液体-气液两相-气体三种形态，对应单液相区对流换热、气液两相区对流换热和单气相区对流换热三个阶段。其中，在气液两相对流换热区，管内低温介质侧换热在传热学范畴内属于管内沸腾换热，其流动类型和传热机理较单相区对流换热复杂得多，如图 5.5 所示。

低温液体在翅片管内流动通过翅片管吸收环境中的热量，使低温液体温度有所升高，低温液体最先在靠近翅片管内壁的位置产生气泡，此时主流液体还未达到饱和状态，处于过冷状态，对应换热类型为过冷沸腾。低温液体温度继续升高至饱和温度，进入核态沸腾区，饱和核态沸腾对应翅片管内低温介质的流动类型为泡状流和块状流，此换热段翅片管内壁面时而与气泡接触，时而与液体接触，表面对流换热系数达到最大值。随着换热的进行，低温介质含气量增长到一定程度，在分子间的作用力下，气泡与气泡间相互碰撞并合并，同时往翅片管中心位置迁移，从而将液体挤在翅片管内壁面处，呈现出环状液膜，进入液膜对流沸腾区。沿着翅片管管长方向，紧贴翅片管内壁面处的低温液体继续受热蒸发，使环状液膜层逐渐减薄，最终消失。此后一段距离内，湿蒸汽直接与壁面接触对流换热，直至含气量增长到 100%，低温介质处于过热蒸汽状态，对应的流动类型为单

气相。在管内沸腾换热中，主要的影响参数是含气量(蒸汽干度)、质量流速和压力。含气量可通过式(5.47)进行计算：

$$x = \frac{h_{\text{in}} - h_{\text{in,b}}}{\gamma} \tag{5.47}$$

式中，h_{in} 为单位质量入口液体的焓值，J/kg；$h_{\text{in,b}}$ 为单位质量饱和液体的焓值，J/kg；γ 为低温液体的气化潜热，J/kg。

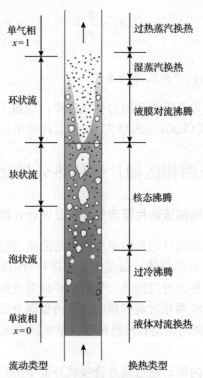

图 5.5　竖直翅片管内介质沸腾的流动及传热示意图

1. 翅片管外空气侧表面换热系数计算

无霜工况下气液两相区翅片管外空气侧表面换热计算与无霜工况下单液相区翅片管外空气侧表面换热计算一样，仅考虑翅片管外表面与湿空气间的对流换热与辐射换热，具体设计过程如 5.2.1 节所示，在此不再赘述。

2. 低温介质与翅片管内表面对流换热系数计算

低温介质在翅片管内吸热，并不是达到饱和状态才出现沸腾，过冷液体接近饱和状态时，就可能已经出现沸腾，即过冷沸腾。气化器翅片管内的沸腾换热为两相强制对流换热，流型主要为环状流。热量靠传导和对流通过液膜传递，蒸汽在气核和壁面的液膜的交界面不断生成。此时换热系数很高，甚至高达 200kW/(m²·K)。对于低温介质管内沸腾，Klimenko[7,8]所归纳的关联式对局部换热系数计算较为精确。关联式适用介质较广，包括液氦、液氮、液氢和液氖等低温流体，制冷剂以及水。关联式可用于垂直管或水平管的换热计算，但需要注意对水平管的计算只适用于管壁全部被液体润湿的情况，不适用于部分润湿的情况。使用 Klimenko 关联式首先计算 N_{CB}，表达式为

$$N_{CB} = \frac{\gamma G}{q}\left[1 + x\left(\frac{\rho_l}{\rho_g} - 1\right)\right]\left(\frac{\rho_g}{\rho_l}\right)^{1/3} \tag{5.48}$$

然后根据 N_{CB} 对 Nu 进行分段计算：

$$\begin{cases} Nu = Nu_b, & N_{CB} < 1.2 \times 10^4 \\ Nu = \max(Nu_b, Nu_c), & 1.2 \times 10^4 \leqslant N_{CB} \leqslant 2.0 \times 10^4 \\ Nu = Nu_c, & N_{CB} > 2.0 \times 10^4 \end{cases}$$

$$Nu_b = 0.0061\left(\frac{qb}{\gamma\rho_g a_l}\right)^{0.6}\left(\frac{pb}{\sigma}\right)^{0.54} Pr_l^{-0.33}\left(\frac{\lambda_g}{\lambda_l}\right)^{0.12} \tag{5.49}$$

$$Nu_c = 0.087\left(\frac{ub}{v_l}\right)^{0.6} Pr_l^{1/6}\left(\frac{\rho_g}{\rho_l}\right)^{0.2}\left(\frac{\lambda_g}{\lambda_l}\right)^{0.09} \tag{5.50}$$

$$b = \left[\frac{\sigma}{g(\rho_l - \rho_g)}\right]^{0.5} \tag{5.51}$$

$$u = \frac{G}{\rho_l}\left[1 + x\left(\frac{\rho_l}{\rho_g} - 1\right)\right] \tag{5.52}$$

$$x = \frac{1}{\gamma}\left(\frac{4}{Gd}\int_0^z q\mathrm{d}z - h_{l,sat} + h_{in}\right) \tag{5.53}$$

$$h_{ai} = \frac{Nu\lambda_l}{b} \tag{5.54}$$

式中，Nu_b 为核态沸腾强制对流的换热努塞特数；Nu_c 为液膜强制对流的换热努塞特数；G 为单位面积的质量流量，kg/(m²·s)；q 为低温介质入口热流密度，W/m²；

λ_1、λ_g 分别为低温介质液相和气相导热系数，W/(m·K)；b 为气泡特征尺寸常数，m；u 为气液混合物速度，m/s；γ 为气化潜热，J/kg；x 为含气量(蒸汽干度)；σ 为液相表面张力，N/m；ρ_g、ρ_1 分别为低温介质气相和液相密度，kg/m^3；a_1 为低温介质液相热扩散系数，m^2/s；v_1 为低温介质液相运动黏度，m^2/s；$h_{l,sat}$ 和 h_{in} 分别为饱和液体、入口处液体单位质量的焓，J/kg；h_{ai} 为无霜工况下气液两相区翅片管内沸腾换热系数，W/(m^2·K)。

3. 翅片管热传导计算

翅片管热传导计算参见 5.2.1 节第 3 部分。

4. 翅片管传热系数计算

无霜工况下，空温式翅片管气化器气液两相区换热管整体传热系数 K 表达式如下所示：

$$K = \cfrac{1}{\cfrac{1}{h_{ai}} + \cfrac{D_i}{2\lambda_p}\ln\left(\cfrac{D_o}{D_i}\right) + \cfrac{1}{\eta_0 \beta h_{ao}}}$$

式中，K 为无霜工况下气液两相区翅片管整体传热系数，W/(m^2·K)；h_{ao} 为无霜工况下气液两相区翅片管外空气侧表面换热系数，W/(m^2·K)。

5. 换热量计算

对数平均温差计算式为

$$\Delta t_m = \cfrac{\Delta t_1 - \Delta t_2}{\ln \cfrac{\Delta t_1}{\Delta t_2}}$$

式中，Δt_1 为气液两相区进口处管内外流体温度差，℃；Δt_2 为气液两相区出口处管内外流体温度差，℃。

假设传热过程中的传热量为 Φ，则

$$\Phi = KA_i \Delta t_m$$

假设翅片管外空气侧的换热量为 Φ'，则

$$\Phi' = h_{ao} A_o (t_a - t_w)$$

同理，根据热量守恒，应有 $\Phi = \Phi'$，而翅片管外空气侧的定性温度为翅片管壁面

温度和空气温度的平均值，由于翅片管壁面温度未知，同样需采用试算法，具体
计算流程如图 5.6 所示。

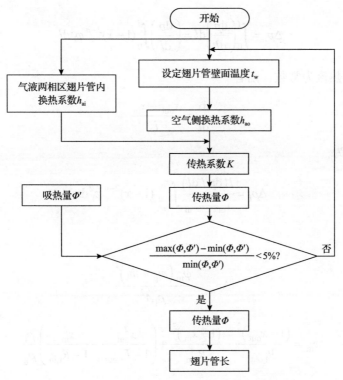

图 5.6　无霜工况下气液两相区翅片管传热计算流程

6. 气液两相区翅片管总长度计算

气液两相区翅片管总长度计算与上述 5.2.1 节中无霜工况下单液相区翅片管
总长度计算一致。

7. 气液两相区翅片管内压降计算

由于气液两相流动中，附加热量引起两相流动中的气、液质量发生变化，从
而引起加速度或流体动量的变化，即总压降为动量压降与摩擦压降之和：

$$\Delta p = \Delta p_1 + \Delta p_m \tag{5.55}$$

翅片管为非绝热管，多相流下的摩擦压降可用以下关联式计算：

$$\left(\frac{\mathrm{d}p}{\mathrm{d}l}\right)_{\mathrm{TP}} = (1-x)^{2-n} \varphi_1^2 \left(\frac{\mathrm{d}p}{\mathrm{d}l}\right)_0 \tag{5.56}$$

式中，$(\mathrm{d}p/\mathrm{d}l)_0$ 为液体以总质量流率 $(\dot{m}_l + \dot{m}_g)$ 流过管内单位管长的压降。因此，摩擦压降可积分得出：

$$\Delta p_l = \int_0^l \left(\frac{\mathrm{d}p}{\mathrm{d}l}\right)\mathrm{d}l = \left(\frac{\mathrm{d}p}{\mathrm{d}l}\right)\int_0^l (1-x)^{2-n}\varphi_l^2 \mathrm{d}l \tag{5.57}$$

若轴向热流为常数，则有

$$\frac{\mathrm{d}x}{\mathrm{d}l} = \frac{x_{\mathrm{out}} - x_{\mathrm{in}}}{l} \tag{5.58}$$

式 (5.57) 变为

$$\Delta p_l = \frac{l(\mathrm{d}p/\mathrm{d}l)}{x_{\mathrm{out}} - x_{\mathrm{in}}} \int_{x_{\mathrm{in}}}^{x_{\mathrm{out}}} (1-x)^{2-n}\varphi_l^2 \mathrm{d}x \tag{5.59}$$

动量压降为

$$\Delta p_m = \frac{\varphi_m (\dot{m}_g + \dot{m}_l)^2}{\rho_l A^2} \tag{5.60}$$

$$\varphi_m = \frac{(1-x_{\mathrm{out}})^2}{R_{l,\mathrm{out}}} - \frac{(1-x_{\mathrm{in}})^2}{R_{l,\mathrm{in}}} + \left(\frac{x_{\mathrm{out}}^2}{1-R_{t,\mathrm{out}}} - \frac{x_{\mathrm{in}}^2}{1-R_{t,\mathrm{in}}}\right)\frac{\rho_l}{\rho_g} \tag{5.61}$$

$$R_l = \frac{X}{X^2 + \sqrt{X+1}} \tag{5.62}$$

式中，φ_m 为压降参数；R_l 为液相容积比。

5.3.2　结霜工况下气液两相区翅片管传热分析及设计计算

结霜工况下，气液两相区翅片管传热过程主要包括霜层表面与湿空气之间的自然对流换热、辐射换热，霜层的导热，翅片管的导热，翅片管内沸腾换热。

1. 翅片管外空气侧表面换热系数计算

气液两相区翅片管外空气侧表面换热系数计算均与 5.2.2 节中结霜工况下单液相区翅片管外空气侧表面换热系数计算一致。

2. 低温介质与翅片管内表面对流换热系数计算

翅片管与低温介质的对流换热计算均与 5.3.1 节中无霜工况下气液两相区低温介质与翅片管内表面对流换热系数计算一致。

3. 换热管热传导计算

翅片管热传导计算参见 5.2.2 节第 3 部分。

4. 翅片管传热系数计算

当气液两相区翅片管表面结霜时,空温式气化器换热管整体传热系数 K_f 表达式如下所示:

$$K_f = \cfrac{1}{\cfrac{1}{h_{fi}} + \cfrac{D_i}{2\lambda_p}\ln\left(\cfrac{D_o}{D_i}\right) + \cfrac{\delta_{frost}}{\lambda_{frost}} + \cfrac{1}{\eta_0 \beta h_{fo}}}$$

式中, h_{fi} 为结霜工况下气液两相区翅片管内侧对流换热系数, $W/(m^2 \cdot K)$; h_{fo} 为结霜工况下气液两相区翅片管外表面换热系数, $W/(m^2 \cdot K)$; K_f 为结霜工况下气液两相区翅片管整体传热系数, $W/(m^2 \cdot K)$。

5. 换热量计算

对数平均温差计算式为

$$\Delta t_{m,f} = \frac{\Delta t_1 - \Delta t_2}{\ln \dfrac{\Delta t_1}{\Delta t_2}}$$

式中, Δt_1 为气液两相区进口处管内外流体温度差, ℃; Δt_2 为气液两相区出口处管内外流体温度差, ℃。

假设传热过程中的传热量为 Φ , 则

$$\Phi = K_f A_i \Delta t_{m,f}$$

假设翅片管外空气侧的换热量为 Φ' , 则

$$\Phi' = h_{fo} A_o (t_a - t_{frost})$$

同理, 根据热量守恒, 应有 $\Phi = \Phi'$, 结霜工况下, 翅片管的表面会结一层霜。随着装置运行时间的延长, 霜层越来越厚, 结霜的翅片管越来越多, 则壁表面的温度实际上应该是霜层的温度, 空气侧的定性温度应该是霜层表面温度和空气温度的平均值。由于翅片管壁面温度和霜层表面温度未知, 需采用试算法, 即先假设一个翅片管壁面温度和霜层表面温度。随着时间的推移, 霜层表面温度由初始的壁温逐渐升高, 因此先假设一个接近低温液体温度的值作为霜层表面温度的初始值来试算。反复试算, 直至 Φ 和 Φ' 两者相差不大, 满足一定的精度要求, 说明假设的翅片管壁

面温度和霜层表面温度合理，试算结束，具体计算流程如图 5.7 所示。

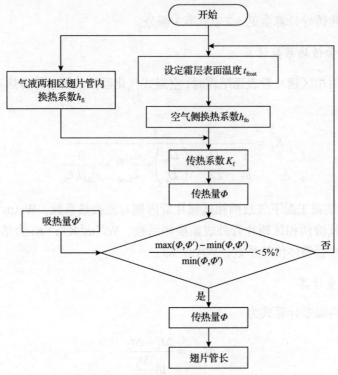

图 5.7　结霜工况下气液两相区翅片管传热计算流程

6. 气液两相区翅片管总长度计算

气液两相区翅片管总长度计算均与 5.2.2 节中结霜工况下单液相区翅片管总长度计算一致。

7. 气液两相区翅片管内压降计算

结霜工况下气液两相区翅片管内压降计算与 5.3.1 节无霜工况下气液两相区翅片管内压降计算一致。

5.4　单气相区翅片管传热分析及设计计算

5.4.1　无霜工况下单气相区翅片管传热分析及设计计算

1. 翅片管外空气侧表面换热系数计算

无霜工况下单气相区翅片管外空气侧表面换热系数计算均与 5.2.1 节中无霜

工况下单液相区翅片管外空气侧表面换热系数计算一致。

2. 低温介质与翅片管内表面对流换热系数计算

在单气相区，根据管内低温介质流动状态不同，同样分为层流换热、湍流换热和过渡流换热。

1) 层流换热

实际工程换热设备中，单气相区层流换热可采用 Sieder-Tate 等壁温层流实验关联式[4]来计算长为 L 的管道的平均 Nu，表达式如下：

$$Nu_f = 1.86Re_f^{1/3}Pr_f^{1/3}\left(\frac{d}{L}\right)^{1/3}\left(\frac{\mu_f}{\mu_w}\right)^{0.14}$$

式中，定性温度为管内低温介质平均温度 t_f；实验验证范围为 $0.48 < Pr_f < 16700$，$0.0044 < \dfrac{\mu_f}{\mu_w} < 9.75$，$\left(\dfrac{Re_f Pr_f}{L/d}\right)^{1/3}\left(\dfrac{\mu_f}{\mu_w}\right)^{0.14} \geqslant 2$，则有

$$h_{ai} = \frac{Nu_f\lambda}{l}$$

式中，各物理符号含义与式(5.9)～式(5.11)一致，此处不再赘述。

2) 湍流换热

对于管道内湍流换热，采用 Sieder-Tate 实验关联式[4]进行计算，对气体而言，温度变化不仅会导致其黏性发生变化，还会导致其他物性参数随着热力学温度的变化而发生明显变化。因此，翅片管内低温介质对应的气体对流换热修正实验关联式如下：

$$Nu_f = 0.027Re_f^{0.8}Pr_f^{1/3}\left(\frac{\mu_f}{\mu_w}\right)^{0.14}$$

$$h_{ai} = \frac{Nu_f\lambda}{l}$$

式中，定性温度为管内低温介质平均温度 t_f；定型尺寸 l 为翅片管内径。实验验证范围为 $0.7 < Pr_f < 16700$，$Re_f > 10^4$，$L/d > 10$。式中其他各物理量含义与式(5.12)和式(5.13)中的物理量一致，此处不再赘述。

3) 过渡流换热

针对翅片管内低温介质在过渡流状态下换热，Gnielinski[5]在整理了多位研究者建议的关联式和实验数据的基础上，针对过渡流换热提出了如下实验关联式：

$$Nu_f = 0.0214\left(Re_f^{0.8} - 100\right)Pr_f^{0.4}\left[1 + \left(\frac{d}{L}\right)^{2/3}\right]\left(\frac{T_f}{T_w}\right)^{0.45} \tag{5.63}$$

$$h_{ai} = \frac{Nu_f \lambda}{l}$$

式中，定性温度为管内低温介质平均温度 t_f ；定型尺寸 l 为翅片管内径。实验验证范围为 $0.6 < Pr_f < 1.5$，$0.5 < T_f/T_w < 1.5$，$2300 < Re_f < 10^4$。式中，各物理量含义与式(5.14)和式(5.15)中的物理量一致，此处不再赘述。

3. 换热管热传导计算

翅片管热传导计算参见 5.2.1 节第 3 部分。

4. 翅片管传热系数计算

无霜工况下，空温式翅片管气化器单气相区换热管整体传热系数 K 表达式如下表示：

$$K = \cfrac{1}{\cfrac{1}{h_{ai}} + \cfrac{D_i}{2\lambda_p}\ln\left(\cfrac{D_o}{D_i}\right) + \cfrac{1}{\eta_0 \beta h_{ao}}}$$

式中，h_{ai} 为单气相区翅片管与管内低温介质气体间的对流换热系数，$W/(m^2 \cdot K)$ ；h_{ao} 为单气相区翅片管外空气侧对流换热系数，$W/(m^2 \cdot K)$ ；K 为单气相区翅片管整体传热系数，$W/(m^2 \cdot K)$ 。

5. 换热量计算

对数平均温差计算式为

$$\Delta t_m = \frac{\Delta t_1 - \Delta t_2}{\ln\cfrac{\Delta t_1}{\Delta t_2}}$$

式中，Δt_1 为单气相区进口处管内外流体温度差，℃ ；Δt_2 为单气相区出口处管内外流体温度差，℃ 。

假设传热过程中的传热量为 Φ ，则

$$\Phi = KA_i\Delta t_m$$

假设翅片管外空气侧的换热量为 Φ' ，则

$$\Phi' = h_{ao} A_o (t_a - t_w)$$

根据热量守恒，应有 $\Phi = \Phi'$，而翅片管外空气侧的定性温度为翅片管壁面温度和空气温度的平均值，由于翅片管壁面温度未知，需采用试算法，即先假设一个翅片管壁面温度。低温液体侧的换热系数一般远大于空气侧的换热系数，壁温应较接近于低温液体的温度，因此先假设一个接近低温液体温度的值作为壁温的初始值来试算。反复试算，直至 Φ 和 Φ' 两者相差不大，满足一定的精度要求，说明假设的翅片管壁面温度合理，试算结束，具体计算流程如图 5.8 所示。

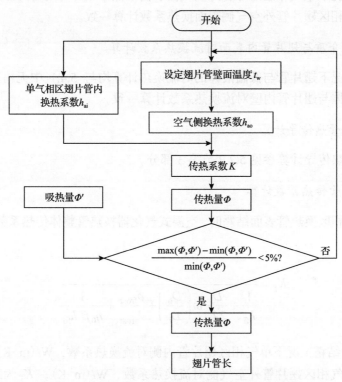

图 5.8 无霜工况下单气相区翅片管传热计算流程

6. 气相区翅片管总长度计算

气相区翅片管总长度计算均与 5.2.1 节中无霜工况下单液相区翅片管总长度计算一致。

7. 单气相区对流换热管内压降计算

无霜工况下单气相区对流换热管内压降计算与 5.2.1 节中无霜工况下单液相区对流换热管内压降计算一致。

5.4.2　结霜工况下单气相区翅片管传热分析及设计计算

结霜工况下，单气相区翅片管传热过程主要包括霜层表面与湿空气之间的自然对流换热、辐射换热，霜层的导热，翅片管的导热，翅片管内表面与低温气体之间的强制对流换热。

1. 翅片管外空气侧表面换热系数计算

结霜工况下单气相区翅片管外空气侧表面换热系数计算均与 5.2.2 节中结霜工况下单液相区翅片管外空气侧表面换热系数计算一致。

2. 低温介质与翅片管内表面对流换热系数计算

结霜工况下翅片管与低温液体的对流换热计算均与 5.4.1 中无霜工况下单气相区低温液体与翅片管内壁对流换热系数计算一致。

3. 换热管热传导计算

翅片管热传导计算参见 5.2.2 节第 3 部分。

4. 翅片管传热系数计算

当单气相区换热管表面结霜时，空温式气化器换热管整体传热系数 K_f 表达式如下所示：

$$K_f = \cfrac{1}{\cfrac{1}{h_{fi}} + \cfrac{D_i}{2\lambda_p}\ln\left(\cfrac{D_o}{D_i}\right) + \cfrac{\delta_{frost}}{\lambda_{frost}} + \cfrac{1}{\eta_0\beta\, h_{fo}}}$$

式中，h_{fi} 为结霜工况下单气相区翅片管内侧对流换热系数，$W/(m^2 \cdot K)$；h_{fo} 为结霜工况下单气相区翅片管外空气侧对流换热系数，$W/(m^2 \cdot K)$；K_f 为结霜工况下单气相区翅片管整体传热系数，$W/(m^2 \cdot K)$。

5. 换热量计算

对数平均温差计算式为

$$\Delta t_{m,f} = \frac{\Delta t_1 - \Delta t_2}{\ln\dfrac{\Delta t_1}{\Delta t_2}}$$

式中，Δt_1 为单气相区进口处管内外流体温度差，℃；Δt_2 为单气相区出口处管内外流体温度差，℃。

假设传热过程中的传热量为 Φ，则

$$\Phi = K_f A_i \Delta t_{m,f}$$

假设翅片管外空气侧的换热量为 Φ'，则

$$\Phi' = h_{fo} A_o (t_a - t_{frost})$$

同理，根据热量守恒应有 $\Phi = \Phi'$，结霜工况下，翅片管的表面会结一层霜。随着装置运行时间的延长，霜层越来越厚，结霜的翅片管越来越多，则壁表面的温度实际上应该是霜层的温度，空气侧的定性温度应该是霜层表面温度和空气温度的平均值。由于翅片管壁面温度和霜层表面温度未知，需采用试算法，即先假设一个翅片管壁面温度和霜层表面温度。随着时间的推移，霜层表面温度由初始的壁温逐渐升高，因此先假设一个接近低温液体温度的值作为霜层表面温度的初始值来试算。反复试算，直至 Φ 和 Φ' 两者相差不大，满足一定的精度要求，说明假设的翅片管壁面温度和霜层表面温度合理，试算结束，具体计算流程如图 5.9 所示。

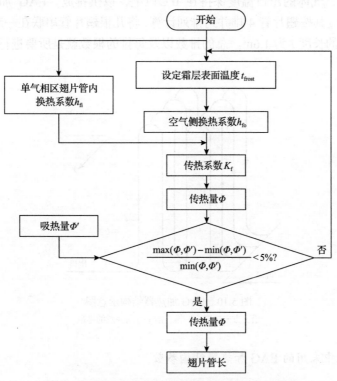

图 5.9　结霜工况下单气相区翅片管传热计算流程

6. 气相区翅片管总长度计算

气相区翅片管总长度计算均与上述 5.2.2 节中结霜工况下单液相区翅片管总长度计算一致。

7. 单气相区对流换热管内压降计算

翅片管内低温介质为克服流动阻力存在压降，结霜工况下单气相区对流换热管内压降计算与 5.2.1 节中单液相区对流换热管内压降计算一致。

5.5　气体加热器设计计算实例

5.5.1　设计计算初始条件

1. 系统工作流程

本节首先以某燃气加气站的 VC 100/1.6 EAG 加热器（并联）（简称 EAG 加热器）设计计算为例，说明上述设计计算方法的可靠性。EAG 加热器在常温（20℃）条件下工作，气体的出口温度保持在 0℃以上，以供排放。EAG 加热器结构如图 5.10 所示，其按翅片管 4 排并列排列计算，将几根翅片管串联在一起组成一排，单根翅片管的长度 l 为 1.6m。总的排数以及每排的根数就是所要进行设计计算的数据。

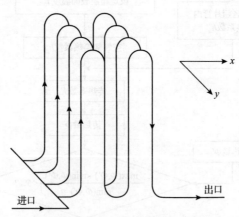

图 5.10　EAG 加热器结构示意图
沿 x 方向串联为一排，沿 y 方向为总的排数

2. 流程中采用的 EAG 加热器结构参数

图 5.11 为 EAG 加热器采用的翅片管的结构尺寸。流程中采用的 EAG 加热器

结构参数如表 5.1 所示。

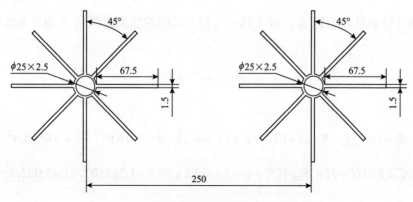

图 5.11　EAG 加热器翅片管结构尺寸(单位：mm)

表 5.1　EAG 加热器结构参数

参数	参数指标
加热量 $V/(\mathrm{m^3/h})$	100
工作介质	NG
NG 出口温度/℃	0
加热器工作压力(绝压)/MPa	1.7
加热方式	空气
单根翅片管长度 l/mm	1600
翅片管外径 D_o/mm	25
翅片管壁厚 δ'/mm	2.5
翅片高度 H/mm	67.5
翅片厚度 δ/mm	1.5
翅片夹角 $\theta/(°)$	45
翅片导热系数 $\lambda_c/[\mathrm{W/(m \cdot K)}]$	158
环境温度 $t_a/℃$	20

5.5.2　翅片管结构尺寸及各参数计算

为简化计算，以单位长度即 $L=1\mathrm{m}$ 来计算。

翅片管光管内表面积：

$$A_i = \pi D_i L = 3.14 \times 20 \times 10^{-3} \times 1 = 0.0628\mathrm{m^2}$$

翅片管光管外表面积：

$$A_\mathrm{g} = \pi D_\mathrm{o} L = 3.14 \times 25 \times 10^{-3} \times 1 = 0.0785 \mathrm{m}^2$$

翅片管总外表面积 A_0，等于翅片与翅片之间的壁表面积 A_0' 与翅片表面积 A_0'' 之和：

$$A_0 = A_0' + A_0''$$

其中，

$$A_0' = (\pi \times D_\mathrm{o} - 8 \times \delta) \times 10^{-3} \times L = (3.14 \times 25 - 8 \times 1.5) \times 10^{-3} \times 1 = 0.0665 \mathrm{m}^2$$

$$A_0'' = 8 \times (H + H + \delta) \times 10^{-3} \times L = 8 \times (67.5 + 67.5 + 1.5) \times 10^{-3} \times 1 = 1.092 \mathrm{m}^2$$

因此，有

$$A_0 = A_0'' + A_0' = 1.1585 \mathrm{m}^2$$

肋化系数：

$$\beta = \frac{A_0}{A_\mathrm{i}} = \frac{1.1585}{0.0628} = 18.4475$$

如前所述，对气体加热器按单气相区进行计算。由天然气(甲烷)相应饱和态的参数，假设低温天然气进口温度为 $-111.58℃$，出口温度为 $0℃$，如图 5.12 所示。下面按照无霜和结霜两种工况分别对气体加热器进行设计计算。

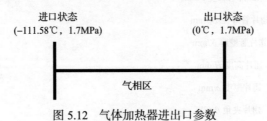

图 5.12　气体加热器进出口参数

5.5.3　无霜工况下气体加热器设计计算

1. 空气侧自然对流换热系数计算

1)翅片管表面与湿空气间的自然对流换热

空气侧的定性温度由翅片管表面温度和空气温度来确定，故先假设 $t_\mathrm{w} = -100℃$ 进行试算。环境温度 $t_\mathrm{a} = 20℃$，则空气的定性温度为

$$t_\mathrm{m} = \frac{t_\mathrm{a} + t_\mathrm{w}}{2} = -40℃$$

则

$$\beta_a = \frac{1}{T_m} = \frac{1}{t_m + 273.15} = 0.004289 \text{K}^{-1}$$

相应的物性参数为：$\lambda_a = 20.9 \times 10^{-3} \text{W/(m·K)}$，$v_a = 10.02 \times 10^{-6} \text{m}^2/\text{s}$，$Pr = 0.7309$。

环境空气温度和翅片管壁面温度之差为

$$\Delta t = t_a - t_w = 120 \text{℃}$$

$$Gr = \frac{g\beta_a \Delta t l^3}{v_a^2} = 205.987 \times 10^9$$

$$Ra = Gr \cdot Pr = 150.556 \times 10^9$$

$$Nu = \left\{ 0.825 + \frac{0.387 Ra^{1/6}}{\left[1 + (0.492/Pr)^{9/16} \right]^{8/27}} \right\}^2 = 602.1368$$

$$h_{aoc} = \frac{Nu\lambda_a}{l} = 7.8654 \text{W/}\left(\text{m}^2 \cdot \text{K} \right)$$

2）翅片管表面与湿空气间的辐射换热

取铝翅片管材料发射率 $\varepsilon_w = 0.04$，环境空气发射率 $\varepsilon_a = 0.6$，由式 (5.6) 得翅片管表面与大气环境间的辐射表面传热系数为

$$h_{aor} = C_b \frac{T_a^4 - T_w^4}{\left(\dfrac{1}{\varepsilon_a} + \dfrac{1}{\varepsilon_w} - 1 \right)(T_a - T_w)} \times 10^{-8} = 0.1194 \text{W/}\left(\text{m}^2 \cdot \text{K} \right)$$

3）翅片管外空气侧表面换热系数计算

空气侧复合表面换热系数为

$$h_{ao} = h_{aoc} + h_{aor} = 7.9848 \text{W/}\left(\text{m}^2 \cdot \text{K} \right)$$

2. 低温介质与翅片管内表面对流换热系数计算

天然气定性温度为

$$t_f = \frac{t_f' + t_f''}{2} = -55.79 \text{℃}$$

相应的物性参数为：$\lambda_f = 25.5 \times 10^{-3}\,\text{W/(m·K)}$，$\mu_f = 8.6157 \times 10^{-6}\,\text{Pa·s}$，$\rho_f = 16.5353\,\text{kg/m}^3$，$c_p = 2.3860 \times 10^3\,\text{J/(kg·K)}$，$\mu_w = 6.9635 \times 10^{-6}\,\text{Pa·s}$。

查得天然气(甲烷)在标准状态下的密度为 $\rho = 0.7143\,\text{kg/m}^3$，则每排管内低温介质流动速度为

$$u = \frac{q_m}{\rho_f A} = \frac{0.7143 \times 100}{16.5353 \times 3.14 \times 10^{-4} \times 3600 \times 4} = 0.9554\,\text{m/s}$$

雷诺数为

$$Re_f = \frac{D_i u \rho_f}{\mu_f} = 36671.4377 > 10^4$$

为湍流，

$$Nu_f = 0.027 Re_f^{0.8} Pr_f^{1/3} \left(\frac{\mu_f}{\mu_w} \right)^{0.14} = 116.0902$$

则低温介质与翅片管内表面对流换热系数为

$$h_{ai} = \frac{Nu_f \lambda_f}{D_i} = 148.0150\,\text{W/(m}^2 \cdot \text{K)}$$

3. 换热管热传导计算

翅片效率为

$$m = \sqrt{\frac{2h_{ao}}{\lambda_c \delta}} = 8.2087$$

$$\eta_f = \frac{\text{th}(mH)}{mH} = 0.9088$$

则换热管翅片的肋面总效率为

$$\eta_o = \frac{A_0' + \eta_f A_0''}{A_0} = 0.9141$$

4. 翅片管传热系数计算

气体加热器翅片管整体传热系数为

$$K = \cfrac{1}{\cfrac{1}{h_{ai}} + \cfrac{D_i}{2\lambda_p}\ln\left(\cfrac{D_o}{D_i}\right) + \cfrac{1}{\eta_0 \beta\, h_{ao}}} = 70.4362\,\mathrm{W/\left(m^2 \cdot K\right)}$$

5. 换热量计算及壁温校核

对数平均温差为

$$\Delta t_m = \frac{\Delta t_1 - \Delta t_2}{\ln(\Delta t_1 / \Delta t_2)} = 59.2287\,℃$$

$$\Delta t_1 = 20 - (-111.58) = 131.58\,℃$$

$$\Delta t_2 = 20 - 0 = 20\,℃$$

则传热过程中单位管长的传热量为

$$\varPhi = KA_i\Delta t_m = 261.992\,\mathrm{W/m}$$

翅片管外空气侧单位管长的换热量为

$$\varPhi' = h_{ao}A_o(t_a - t_w) = 1110.0495\,\mathrm{W/m}$$

两者相差较大，故开始时所假设的壁温不合理，应重算。

6. 重设壁温试算

设壁温 $t_w = -15\,℃$ 进行试算。环境温度 $t_a = 20\,℃$，则空气的定性温度为

$$t_m = \frac{t_a + t_w}{2} = 2.5\,℃$$

则

$$\beta_a = \frac{1}{T_m} = \frac{1}{t_m + 273.15} = 0.003628\,\mathrm{K^{-1}}$$

相应的物性参数为：$\lambda_a = 24.2 \times 10^{-3}\,\mathrm{W/(m \cdot K)}$，$v_a = 13.57 \times 10^{-6}\,\mathrm{m^2/s}$，$Pr = 0.7231$。

环境空气温度和翅片管壁面温度之差为

$$\Delta t = t_a - t_w = 35\,℃$$

$$Gr = \frac{g\beta_a \Delta t l^3}{v_a^2} = 27.7063 \times 10^9$$

$$Ra = Gr \cdot Pr = 20.0345 \times 10^9$$

则管外空气侧换热系数为

$$Nu = \left\{ 0.825 + \frac{0.387 Ra^{1/6}}{\left[1 + (0.492/Pr)^{9/16} \right]^{8/27}} \right\}^2 = 315.2481$$

$$h_{\mathrm{aoc}} = \frac{Nu \lambda_{\mathrm{a}}}{l} = 4.7681 \mathrm{W}/\left(\mathrm{m}^2 \cdot \mathrm{K} \right)$$

$$h_{\mathrm{aor}} = C_{\mathrm{b}} \frac{T_{\mathrm{a}}^4 - T_{\mathrm{w}}^4}{\left(\dfrac{1}{\varepsilon_{\mathrm{a}}} + \dfrac{1}{\varepsilon_{\mathrm{w}}} - 1 \right)(T_{\mathrm{a}} - T_{\mathrm{w}})} \times 10^{-8} = 0.1858 \mathrm{W}/\left(\mathrm{m}^2 \cdot \mathrm{K} \right)$$

$$h_{\mathrm{ao}} = h_{\mathrm{aoc}} + h_{\mathrm{aor}} = 4.9539 \mathrm{W}/\left(\mathrm{m}^2 \cdot \mathrm{K} \right)$$

管内流体侧对流换热系数为

$$Nu_{\mathrm{f}} = 0.027 Re_{\mathrm{f}}^{0.8} Pr_{\mathrm{f}}^{1/3} \left(\frac{\mu_{\mathrm{f}}}{\mu_{\mathrm{w}}} \right)^{0.14} = 110.3348$$

$$h_{\mathrm{ai}} = \frac{Nu_{\mathrm{f}} \lambda_{\mathrm{f}}}{D_{\mathrm{i}}} = 140.6769 \mathrm{W}/\left(\mathrm{m}^2 \cdot \mathrm{K} \right)$$

翅片效率为

$$m = \sqrt{\frac{2 h_{\mathrm{ao}}}{\lambda_{\mathrm{c}} \delta}} = 6.4657$$

$$\eta_{\mathrm{f}} = \frac{\mathrm{th}(mH)}{mH} = 0.9410$$

$$\eta_{\mathrm{o}} = \frac{A_0' + \eta_{\mathrm{f}} A_0''}{A_0} = 0.9444$$

传热系数为

$$K = \frac{1}{\dfrac{1}{h_{\mathrm{ai}}} + \dfrac{D_{\mathrm{i}}}{2 \lambda_{\mathrm{p}}} \ln\left(\dfrac{D_{\mathrm{o}}}{D_{\mathrm{i}}} \right) + \dfrac{1}{\eta_0 \beta\, h_{\mathrm{ao}}}} = 53.4492 \mathrm{W}/\left(\mathrm{m}^2 \cdot \mathrm{K} \right)$$

则传热过程中单位管长的传热量为

$$\Phi = KA_i \Delta t_m = 198.8077 \text{W/m}$$

翅片管外空气侧单位管长的换热量为

$$\Phi' = h_{ao} A_o (t_a - t_w) = 200.8702 \text{W/m}$$

$$\frac{\Phi' - \Phi}{\Phi} = \frac{200.8702 - 198.8077}{198.8077} = 1.04\% < 5\%$$

两者几乎相等，故所设的壁温合理。

7. 翅片管总长度计算

每一排管总的吸热量为

$$\Phi_a = c_p q_m \Delta t = 2.3860 \times 10^3 \times 0.004960 \times [0 - (-111.58)] = 1320.5002 \text{W}$$

每一排翅片管总长度为

$$L = \frac{\Phi_a}{\Phi} = 6.6421 \text{m}$$

5.5.4　结霜工况下气体加热器设计计算

1. 空气侧自然对流换热系数计算

1) 霜层表面与湿空气间的换热

(1) 霜层表面与湿空气间的自然对流换热。

空气侧的定性温度由霜层表面温度和空气温度来确定，故先假设 $t_{frost} = 7\text{℃}$ 进行试算。环境温度 $t_a = 20\text{℃}$ ，则空气的定性温度为

$$t_m = \frac{t_a + t_{frost}}{2} = 13.5\text{℃}$$

则

$$\beta_a = \frac{1}{T_m} = \frac{1}{t_m + 273.15} = 0.003489 \text{K}^{-1}$$

相应的物性参数为：$\lambda_a = 25.0 \times 10^{-3} \text{W/(m·K)}$ ，$v_a = 14.56 \times 10^{-6} \text{m}^2/\text{s}$ ，$Pr = 0.7214$ 。

环境空气温度和霜层表面温度之差为

$$\Delta t = t_a - t_{frost} = 13\text{℃}$$

$$Gr = \frac{g\beta_a \Delta t l^3}{v_a^2} = 85.9602 \times 10^8$$

$$Ra = Gr \cdot Pr = 62.0117 \times 10^8$$

$$Nu = \left\{ 0.825 + \frac{0.387 Ra^{1/6}}{\left[1 + (0.492/Pr)^{9/16} \right]^{8/27}} \right\}^2 = 217.4751$$

$$h_{foc} = \frac{Nu\lambda_a}{l} = 3.3980 \text{W}/\left(\text{m}^2 \cdot \text{K} \right)$$

(2)霜层表面与湿空气间的辐射换热。

取霜层发射率 $\varepsilon_{frost} = 0.90$，环境空气发射率 $\varepsilon_a = 0.6$，则霜层表面与大气环境间的辐射表面传热系数为

$$h_{for} = C_b \frac{T_a^4 - T_{frost}^4}{\left(\dfrac{1}{\varepsilon_a} + \dfrac{1}{\varepsilon_{frost}} - 1 \right)(T_a - T_{frost})} \times 10^{-8} = 3.0064 \text{W}/\left(\text{m}^2 \cdot \text{K} \right)$$

(3)霜层表面复合换热系数计算。

霜层表面的复合换热系数为

$$h_{fo} = h_{foc} + h_{for} = 6.4044 \text{W}/\left(\text{m}^2 \cdot \text{K} \right)$$

2)霜层热阻的计算

结合前期结霜分形研究工作所得的霜层导热系数范围，取霜层导热系数 $\lambda_{frost} = 0.095 \text{W}/(\text{m} \cdot \text{K})$；考虑到气体加热器的加热过程是短暂的、间歇性的，结霜现象不严重，此处取霜层厚度 $\delta_{frost} = 0.002 \text{ m}$，得翅片管表面霜层的导热热阻为

$$R_{frost} = \frac{\delta_{frost}}{\lambda_{frost}} = 0.0211 \left(\text{m}^2 \cdot \text{K} \right)/\text{W}$$

2. 低温介质与翅片管内表面对流换热系数计算

结霜工况下翅片管内对流换热计算与无霜工况下对流换热系数计算公式一致，即

$$Nu_f = 0.027 Re_f^{0.8} Pr_f^{1/3} \left(\mu_f/\mu_w \right)^{0.14} = 109.2631$$

管内流体侧对流换热系数为

$$h_{\mathrm{fi}} = \frac{Nu_{\mathrm{f}}\lambda_{\mathrm{f}}}{D_{\mathrm{i}}} = 139.3105\mathrm{W/(m^2 \cdot K)}$$

3. 换热管热传导计算

已知

$$m = \sqrt{\frac{2h_{\mathrm{fo}}}{\lambda_{\mathrm{c}}\delta}} = 7.3516$$

翅片效率为

$$\eta_{\mathrm{f}} = \frac{\mathrm{th}(mH)}{mH} = 0.9253$$

则换热管翅片的肋面总效率为

$$\eta_{\mathrm{o}} = \frac{A_0' + \eta_{\mathrm{f}}A_0''}{A_0} = 0.9296$$

4. 翅片管传热系数计算

结霜工况下,气体加热器翅片管整体传热系数为

$$K_{\mathrm{f}} = \frac{1}{\dfrac{1}{h_{\mathrm{fi}}} + \dfrac{D_{\mathrm{i}}}{2\lambda_{\mathrm{p}}}\ln\left(\dfrac{D_{\mathrm{o}}}{D_{\mathrm{i}}}\right) + \dfrac{\delta_{\mathrm{frost}}}{\lambda_{\mathrm{frost}}} + \dfrac{1}{\eta_0 \beta\, h_{\mathrm{fo}}}} = 26.7734\mathrm{W/(m^2 \cdot K)}$$

5. 换热量计算及壁温校核

对数平均温差为

$$\Delta t_{\mathrm{m,f}} = \frac{\Delta t_1 - \Delta t_2}{\ln(\Delta t_1 / \Delta t_2)} = 59.2287℃$$

$$\Delta t_1 = 20 - (-111.58) = 131.58℃$$

$$\Delta t_2 = 20 - 0 = 20℃$$

则单位管长的传热量为

$$\varPhi = K_{\mathrm{f}}A_{\mathrm{i}}\Delta t_{\mathrm{m,f}} = 99.5855\mathrm{W/m}$$

翅片管外空气侧单位管长的换热量为

$$\Phi' = h_{\text{fo}} A_{\text{o}} (t_{\text{a}} - t_{\text{frost}}) = 96.4540\text{W/m}$$

$$\frac{\Phi - \Phi'}{\Phi'} = \frac{99.5855 - 96.4540}{96.4540} = 3.25\% < 5\%$$

两者几乎相等，故开始时所假设的霜层表面温度合理。

6. 翅片管总长度计算

每一排总的吸热量为

$$\Phi_{\text{a,f}} = c_p q_{\text{m}} \Delta t = 2.3860 \times 10^3 \times 0.004960 \times [0 - (-111.58)] = 1320.5002\text{W}$$

每一排翅片管总长度为

$$L_{\text{f}} = \frac{\Phi_{\text{a,f}}}{\Phi} = 13.2600\text{m}$$

5.5.5　结果分析与讨论

上述计算过程是将气体加热器按单气相区处理并选用相应的关联式进行计算的，计算所得参数如表 5.2 所示。

表 5.2　气体加热器计算参数

参数	两种工况下的计算值	
	结霜工况	无霜工况
$\dfrac{1}{h_{\text{i}}}$	0.007178 (m²·K)/W	0.007108 (m²·K)/W
$\dfrac{D_{\text{i}}}{2\lambda_{\text{p}}}\ln\left(\dfrac{D_{\text{o}}}{D_{\text{i}}}\right)$	1.4123×10⁻⁵ (m²·K)/W	1.4123×10⁻⁵ (m²·K)/W
$\dfrac{\delta_{\text{frost}}}{\lambda_{\text{frost}}}$	0.0211 (m²·K)/W	0 (m²·K)/W
$\dfrac{1}{\eta_0 \beta h_{\text{o}}}$	0.009106 (m²·K)/W	0.011587 (m²·K)/W
K	26.7734W/(m²·K)	53.4492W/(m²·K)
L	13.2600m	6.6421m
$n = \dfrac{L}{1.6}$	8.29 根	4.15 根

由表 5.2 可以看出，在无霜工况下，每排翅片管总长度为 6.6421m，如前所述，单根翅片管的长度为 l=1.6m，则气体加热器每排所需翅片管根数为 4.15 根，取 5 根；此时，气体加热器由 4 排并列组合而成，每排由 5 根翅片管串联而成，翅片管总根数为 $4 \times 5 = 20$ 根，翅片管总长度为 $20 \times 1.6 = 32m$。在结霜工况下，由于结霜堵塞空气流道，气体加热器整体传热系数由 53.4492W/(m²·K) 减小为 26.7734W/(m²·K)。为满足气体加热要求，结霜工况下气体加热器所需翅片管更长，每排翅片管总长度为 13.2600m，每排所需翅片管为 8.29 根，取 9 根；此时，气体加热器由 4 排并列组合而成，每排由 9 根翅片管串联而成，翅片管总根数为 $4 \times 9 = 36$ 根，翅片管总长度为 $36 \times 1.6 = 57.6m$。可见，结霜工况下，霜层导热热阻大大增加了气体加热器整个传热过程的传热热阻，在满足相同加热需求的条件下，所需的传热面积更大，对应的翅片管根数更多。

此外，关于本例气体加热器的设计计算还有如下几点需要说明。

(1)忽略管内对流热阻及管壁导热热阻。管内对流换热系数远大于管外的空气侧自然对流换热系数，因此其相应的对流换热热阻很小，如表 5.2 所示；同时，翅片管的壁厚较小且材料导热系数较大，故翅片管的导热热阻也很小。因此，在实际工程计算中，通常可将管内对流换热热阻及管壁的导热热阻忽略不计，具体可参见后续 LNG 空温式气化器设计计算实例。

(2)结霜分布区域的差异性。本算例中，利用气体加热器加热翅片管内的天然气，该加热过程是短暂的、间歇性的，实际上在整个气体加热器结霜前，一次加热就已经结束；或者在满足气体加热需求前，加热器只有一部分翅片管出现少量的结霜现象。因此，上述按照无霜与结霜两种工况计算得到的结果实际上对应气体加热器传热面积的两个极限值。其中，在结霜工况下，考虑了霜层的全覆盖，认为整个气体加热器翅片管表面均结霜，设计所得传热面积及所需翅片管根数趋于上限，计算较为保守，经济性还有待提高；在无霜工况下，认为整个加热器翅片管都不结霜，设计所得传热面积及所需翅片管根数趋于下限，对于工作在苛刻工况下的气体加热器未必能满足加热要求。因此，在实际工程计算中，对于类似加热器或者气化器等换热设备，可将管外结霜分布区域按照管内低温液体温度的变化进行分区考虑，从而较为真实地反映出实际结霜的动态变化过程及分布区域的差异性，具体可参见后续 LNG 空温式气化器设计计算实例。

(3)霜层厚度的动态变化。除了上述结霜区域变化是一个动态的过程，霜层的厚度变化也是一个动态的过程。本算例中按照整根翅片管表面均匀结霜进行设计，取霜层厚度为 2mm，此为最严苛工况，并未反映出从无到有的霜层厚度的动态变化过程。考虑到翅片管表面霜层厚度随管内低温液体流动状态以及空气侧流动状况等条件而呈现沿程变化的规律，在实际工程计算中，可将霜层厚度的动态变化按如下方式考虑：根据(2)中结霜区域的不同，取不同的霜层厚度，具体可参见后续 LNG 空温式气化器设计计算实例。

(4)本算例中，采用试算法先假设了一个翅片管表面温度，进而确定了空气侧的定性温度。除此以外，为了方便，实际工程计算中还采用对数平均温差确定空气侧的定性温度，具体可参见后续 LNG 空温式气化器设计计算实例。

(5)本算例中，基于热平衡方程式采用比热容计算每一排翅片管的吸热量，在实际工程计算中还可以采用焓差来确定吸热量，具体可参见后续 LNG 空温式气化器设计计算实例。

5.6　LNG 空温式气化器设计计算实例

5.6.1　设计计算初始条件

1. 系统工作流程

给定一小型天然气气化站，要求设计一常温(20℃)工作条件下的 LNG 空温式气化器，使气体的出口温度保持在 0℃以上，以供排放。图 5.13 为 LNG 空温式气化器的常用结构形式，即将几根翅片管串联在一起组成一排，然后将几排并列组合成气化器。该气化器按翅片管 8 排并列排列计算，单根翅片管的长度为 l=4.0m。图 5.14 为 LNG 低温气化器翅片管的结构尺寸。

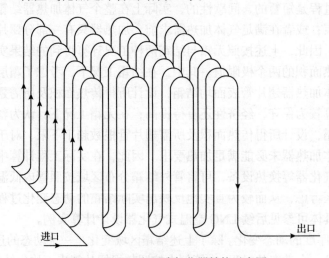

进口　　　　　　　　　　　　　　　　出口

图 5.13　LNG 空温式气化器结构示意图

2. 流程中采用的 LNG 空温式气化器结构参数

流程中采用的 LNG 空温式气化器结构参数如表 5.3 所示。

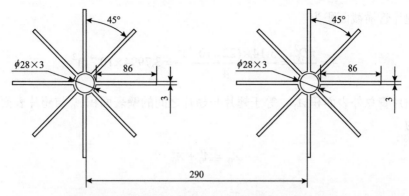

图 5.14　LNG 低温气化器翅片管结构尺寸(单位：mm)

表 5.3　LNG 空温式气化器结构参数

项目名称	参数指标
气化量 $V/(\mathrm{m^3/h})$	1000
工作介质	LNG
天然气出口温度/℃	0
气化器工作压力(绝压)/MPa	0.9
加热方式	空气
单根翅片管长度 l/mm	4000
翅片管外径 D_o/mm	28
翅片管壁厚 δ'/mm	3
翅片高度 H/mm	86
翅片厚度 δ/mm	3
翅片夹角 $\theta/(°)$	45
翅片导热系数 $\lambda_c/[\mathrm{W/(m\cdot K)}]$	158
环境温度 $t_a/℃$	20

5.6.2　翅片管结构尺寸及各参数计算

为简化计算，以单位长度即 $L=1\mathrm{m}$ 来计算。

翅片管光管内表面积为

$$A_i = \pi D_i L = 3.14 \times 22 \times 10^{-3} \times 1 = 0.06908\mathrm{m}^2$$

翅片管光管外表面积为

$$A_g = \pi D_o L = 3.14 \times 28 \times 10^{-3} \times 1 = 0.08792\mathrm{m}^2$$

翅片管横截面积为

$$A = \frac{\pi D_i^2}{4} = \frac{3.14 \times (22 \times 10^{-3})^2}{4} = 3.7994 \times 10^{-4} \mathrm{m}^2$$

翅片管总外表面积 A_0，等于翅片与翅片之间的壁表面积 A_0' 与翅片表面积 A_0'' 之和为

$$A_0 = A_0' + A_0''$$

其中，

$$A_0' = (\pi \times D_o - 8 \times \delta) \times 10^{-3} \times L = (3.14 \times 28 - 8 \times 3) \times 10^{-3} \times 1 = 0.06392 \mathrm{m}^2$$

$$A_0'' = 8 \times (H + H + \delta) \times 10^{-3} \times L = 8 \times (86 + 86 + 3) \times 10^{-3} \times 1 = 1.4 \mathrm{m}^2$$

因此，有

$$A_0 = A_0'' + A_0' = 1.46392 \mathrm{m}^2$$

肋化系数为

$$\beta = \frac{A_0}{A_i} = \frac{1.46392}{0.06908} = 21.19$$

5.6.3 计算分区

如前所述，LNG 空温式气化器的目的是将翅片管内的 LNG 气化成具有一定温度和压力的气体，随着不断吸收来自翅片管外空气侧的热量，低温介质在翅片管内依次经历液体-气液两相-气体三种形态，分别对应单液相区对流换热、气液两相区对流换热和单气相区对流换热三个阶段。因此，具体设计计算时，应分别对单液相区、气液两相区和单气相区进行计算。

天然气(甲烷)在单液相区、气液两相区和单气相区进出口温度参数如图 5.15 所示。

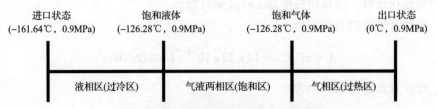

图 5.15　LNG 空温式气化器进出口参数

天然气(甲烷)相应饱和态及非饱和态的参数如表 5.4 所示。

表 5.4　天然气(甲烷)状态参数

压力	温度 t	焓值 h	密度 ρ
0.9MPa	−161.64℃ (111.51K)	$h_{in} = 0.6152$kJ/kg	$\rho_{in} = 423.33$kg/m³
0.9MPa	−126.28℃ (146.87K)	$h_l = 130.06$kJ/kg	$\rho_l = 364.07$kg/m³
0.9MPa	−126.28℃ (146.87K)	$h_g = 553.54$kJ/kg	$\rho_g = 14.135$kg/m³
0.9MPa	0℃ (273.15K)	$h_{out} = 845.63$kJ/kg	$\rho_{out} = 6.4952$kg/m³

正如 5.5.5 节所述,空温式气化器实际工作过程中,翅片管表面结霜区域、结霜厚度均随着运行时间的推移而呈现动态变化规律;但空气侧霜层分布及霜层厚度随翅片管内低温介质经历的单液相区、气液两相区和单气相区而具有明显的差异[9-13]。鉴于此,可用分区域、特定厚度的静态过程代替上述结霜动态过程。具体地,在本例 LNG 空温室气化器设计计算中,在单液相区、气液两相区考虑结霜,在单气相区不考虑结霜,以反映结霜区域的动态变化;同时,考虑到目前空温式气化器定时切换运行周期(除霜周期)一般为 8h[14],现有的为数不多的关于除霜周期内低温表面及空温式气化器表面结霜的研究表明[9,10,12,15],翅片管最底端表面霜层厚度约为 6mm,并且霜层厚度沿翅片管自下而上依次减小,直至表面不结霜。为此,可对单根翅片管霜层厚度做平均处理,即在单液相区,取翅片管表面平均霜层厚度为 3mm,在气液两相区,取翅片管表面平均霜层厚度为 1.5mm,以考量霜层厚度的动态变化。

5.6.4　单液相区具体计算

1. 空气侧自然对流换热系数计算

1)霜层表面与湿空气间的自然对流换热
对数平均温差为

$$\Delta t_{m,f} = \frac{\Delta t_1 - \Delta t_2}{\ln(\Delta t_1 / \Delta t_2)} = 163.32℃$$

$$\Delta t_1 = 20 - (-161.64) = 181.64℃$$

$$\Delta t_2 = 20 - (-126.28) = 146.28℃$$

单液相区液化天然气平均温度为

$$t_f = t_a - \Delta t_{m,f} = -143.32℃$$

则空气的定性温度为

$$t_m = \frac{t_a + t_f}{2} = -61.66℃$$

进而得

$$\beta_a = \frac{1}{T_m} = \frac{1}{t_m + 273.15} = 0.004728 K^{-1}$$

相应的物性参数为：$\lambda_a = 19.2 \times 10^{-3} W/(m \cdot K)$，$v_a = 8.38 \times 10^{-6} m^2/s$，$Pr = 0.7359$。

$$Gr = \frac{g\beta_a \Delta t_m l^3}{v_a^2} = 6904.3 \times 10^9$$

$$Ra = Gr \cdot Pr = 5080.88 \times 10^9$$

则

$$Nu = \left\{ 0.825 + \frac{0.387 Ra^{1/6}}{\left[1 + (0.492/Pr)^{9/16} \right]^{8/27}} \right\}^2 = 1890.0945$$

霜层表面空气侧换热系数为

$$h_o = \frac{Nu\lambda_a}{l} = 9.0725 W/\left(m^2 \cdot K \right)$$

2) 霜层热阻的计算

结合前期结霜分形研究工作所得的霜层导热系数范围，取霜层导热系数 $\lambda_{frost} = 0.12 W/(m \cdot K)$；如前所述，取霜层厚度 $\delta_{frost} = 0.003m$，得翅片管表面霜层的导热热阻为

$$R_{frost} = \frac{\delta_{frost}}{\lambda_{frost}} = 0.025 \left(m^2 \cdot K \right) / W$$

2. 翅片效率计算

已知

$$m = \sqrt{\frac{2h_o}{\lambda_c \delta}} = 6.1871$$

翅片效率为

$$\eta_{\mathrm{f}} = \frac{\mathrm{th}(mH)}{mH} = 0.9152$$

则换热管翅片的肋面总效率为

$$\eta_{\mathrm{o}} = \frac{A_0' + \eta_{\mathrm{f}} A_0''}{A_0} = 0.9189$$

3. 翅片管传热系数计算

因翅片管内对流换热系数及铝的导热系数远大于管外的空气侧自然对流换热系数,故在计算中可忽略相应的管内对流换热热阻与管壁导热热阻。则由式(5.40)得单液相区单根翅片管整体传热系数为

$$K_{\mathrm{f}} = \frac{1}{\dfrac{\delta_{\mathrm{frost}}}{\lambda_{\mathrm{frost}}} + \dfrac{1}{\eta_0 \beta\, h_{\mathrm{o}}}} = 32.6151\mathrm{W/\left(m^2 \cdot K\right)}$$

4. 翅片管传热量计算

由式(5.46)得传热过程中单位管长的传热量为

$$\Phi = K_{\mathrm{f}} A_{\mathrm{i}} \Delta t_{\mathrm{m,f}} = 367.9737\mathrm{W/m}$$

5. 液相区翅片管总长度计算

如前所述,LNG 空温式气化器由 8 排翅片管并列组合而成,查得天然气(甲烷)在标准状态下的密度 $\rho = 0.7143\mathrm{kg/m^3}$,则每排翅片管内低温介质的质量流量为

$$q_{\mathrm{m}} = \frac{0.7143 \times 1000}{8 \times 3600} = 0.0248\mathrm{kg/s}$$

每排管内低温介质流动速度为

$$u = \frac{q_{\mathrm{m}}}{A\rho_{\mathrm{in}}} = \frac{0.0248}{3.7994 \times 10^{-4} \times 423.33} = 0.1542\mathrm{m/s}$$

单液相区每一排总的吸热量为

$$\Phi_{t} = q_{m}(h_{1} - h_{in}) = 0.0248 \times (130.06 - 0.6152) \times 10^{3} = 3210.23104\text{W}$$

则单液相区每一排翅片管总长度为

$$L_{liquid} = \frac{\Phi_{t}}{\Phi} = 8.7241\text{m}$$

所需翅片管根数为

$$n_{liquid} = \frac{L_{liquid}}{4.0} = 2.18\text{根}$$

5.6.5　气液两相区具体计算

1. 空气侧自然对流换热系数计算

1) 霜层表面与湿空气间的自然对流换热

气液两相区管内低温介质的温度 $t_{f} = -126.28℃$，则空气的定性温度为

$$t_{m} = \frac{t_{a} + t_{f}}{2} = -53.14℃$$

则

$$\beta_{a} = \frac{1}{T_{m}} = \frac{1}{t_{m} + 273.15} = 0.004545\text{K}^{-1}$$

相应的物性参数为：$\lambda_{a} = 19.9 \times 10^{-3}\text{W/(m·K)}$，$v_{a} = 9.01 \times 10^{-6}\text{m}^{2}\text{/s}$，$Pr = 0.7339$。

$$Gr = \frac{g\beta_{a}\Delta t\, l^{3}}{v_{a}^{2}} = 5142.12 \times 10^{9}$$

$$Ra = Gr \cdot Pr = 3773.8 \times 10^{9}$$

则

$$Nu = \left\{ 0.825 + \frac{0.387Ra^{1/6}}{\left[1 + (0.492/Pr)^{9/16} \right]^{8/27}} \right\}^{2} = 1714.3364$$

霜层表面空气侧换热系数为

$$h_o = \frac{Nu\lambda_a}{l} = 8.5288\,W/\left(m^2 \cdot K\right)$$

2) 霜层热阻的计算

结合前期结霜分形研究工作所得的霜层导热系数范围，取霜层导热系数 $\lambda_{frost} = 0.12\,W/(m \cdot K)$；如前所述，取霜层厚度 $\delta_{frost} = 0.0015m$，得翅片管表面霜层的导热热阻为

$$R_{frost} = \frac{\delta_{frost}}{\lambda_{frost}} = 0.0125\left(m^2 \cdot K\right)/W$$

2. 翅片效率计算

已知

$$m = \sqrt{\frac{2h_o}{\lambda_c \delta}} = 5.9989$$

翅片效率为

$$\eta_f = \frac{\text{th}(mH)}{mH} = 0.9198$$

则换热管翅片的肋面总效率为

$$\eta_o = \frac{A_0' + \eta_f A_0''}{A_0} = 0.9233$$

3. 翅片管传热系数计算

在气液两相区，翅片管内相变换热系数及铝的导热系数远大于管外的空气侧自然对流换热系数，因此在计算中可忽略相应的管内对流换热热阻与管壁导热热阻。则单根翅片管整体传热系数为

$$K_f = \frac{1}{\dfrac{\delta_{frost}}{\lambda_{frost}} + \dfrac{1}{\eta_0 \beta\, h_o}} = 54.0750\,W/\left(m^2 \cdot K\right)$$

4. 翅片管传热量计算

由式(5.46)得传热过程中单位管长的传热量为

$$\Phi = K_{\mathrm{f}} A_{\mathrm{l}} \Delta t_{\mathrm{m,f}} = 546.4289 \mathrm{W/m}$$

5. 气液两相区翅片管总长度计算

查得天然气在-126.28℃下的气化潜热$\gamma = 423.39 \times 10^3 \mathrm{J/kg}$，则气液两相区每一排总的吸热量为

$$\Phi_{\mathrm{t}} = \gamma q_{\mathrm{m}} = 423.39 \times 10^3 \times 0.0248 = 10500.072 \mathrm{W}$$

或

$$\Phi_{\mathrm{t}} = q_{\mathrm{m}}(h_{\mathrm{g}} - h_{\mathrm{l}}) = 0.0248 \times (553.54 - 130.06) \times 10^3 = 10502.304 \mathrm{W}$$

每一排翅片管总长度为

$$L_{\mathrm{gas\text{-}liquid}} = \frac{\Phi_{\mathrm{t}}}{\Phi} = 19.2158 \mathrm{m}$$

所需翅片管根数为

$$n_{\mathrm{gas\text{-}liquid}} = \frac{L_{\mathrm{gas\text{-}liquid}}}{4.0} = 4.80 根$$

5.6.6 单气相区具体计算

1. 空气侧自然对流换热系数计算

对数平均温差为

$$\Delta t_{\mathrm{m}} = (\Delta t_1 - \Delta t_2)/\ln(\Delta t_1 / \Delta t_2) = 63.4640℃$$

$$\Delta t_1 = 20 - (-126.28) = 146.28℃$$

$$\Delta t_2 = 20 - 0 = 20℃$$

单气相区天然气平均温度为

$$t_{\mathrm{f}} = t_{\mathrm{a}} - \Delta t_{\mathrm{m}} = -43.4640℃$$

则空气的定性温度为

$$t_{\mathrm{m}} = \frac{t_{\mathrm{a}} + t_{\mathrm{f}}}{2} = -11.7320℃$$

进而得

$$\beta_{\mathrm{a}} = \frac{1}{T_{\mathrm{m}}} = \frac{1}{t_{\mathrm{m}} + 273.15} = 0.003825\mathrm{K}^{-1}$$

相应的物性参数为：$\lambda_{\mathrm{a}} = 23.1 \times 10^{-3}\,\mathrm{W/(m \cdot K)}$，$v_{\mathrm{a}} = 12.33 \times 10^{-6}\,\mathrm{m}^2/\mathrm{s}$，$Pr = 0.7254$。

$$Gr = \frac{g\beta_{\mathrm{a}}\Delta t_{\mathrm{m}}l^3}{v_{\mathrm{a}}^2} = 1002.57 \times 10^9$$

$$Ra = Gr \cdot Pr = 727.26 \times 10^9$$

则

$$Nu = \left\{ 0.825 + \frac{0.387Ra^{1/6}}{\left[1 + \left(0.492/Pr \right)^{9/16} \right]^{8/27}} \right\}^2 = 1001.0394$$

空气侧翅片管表面换热系数为

$$h_{\mathrm{o}} = \frac{Nu\lambda_{\mathrm{a}}}{l} = 5.781\mathrm{W/}\left(\mathrm{m}^2 \cdot \mathrm{K} \right)$$

2. 翅片效率计算

已知

$$m = \sqrt{\frac{2h_{\mathrm{o}}}{\lambda_{\mathrm{c}}\delta}} = 4.9389$$

翅片效率为

$$\eta_{\mathrm{f}} = \frac{\mathrm{th}(mH)}{mH} = 0.9439$$

则换热管翅片的肋面总效率为

$$\eta_{\mathrm{o}} = \frac{A_0' + \eta_{\mathrm{f}} A_0''}{A_0} = 0.9464$$

3. 翅片管传热系数计算

因为翅片管内对流换热系数及铝的导热系数远大于管外的空气侧自然对流换热系数，所以在计算中可忽略相应的管内对流换热热阻与管壁导热热阻。单气相

区单根翅片管整体传热系数为

$$K_f = \frac{1}{\dfrac{1}{\eta_0 \beta h_o}} = 115.9283 \, \text{W/} \left(\text{m}^2 \cdot \text{K} \right)$$

4. 翅片管传热量计算

传热过程中单位管长的传热量为

$$\Phi = K A_i \Delta t_m = 508.2404 \, \text{W/m}$$

5. 气相区翅片管总长度计算

单气相区每一排总的吸热量为

$$\Phi_t = q_m (h_{out} - h_g) = 0.0248 \times (845.63 - 553.54) \times 10^3 = 7243.832 \, \text{W}$$

则单气相区每一排翅片管总长度为

$$L_{gas} = \frac{\Phi_t}{\Phi} = 14.2528 \, \text{m}$$

所需翅片管根数为

$$n_{gas} = \frac{L_{gas}}{4.0} = 3.56 \, \text{根}$$

5.6.7　计算结果分析

上述计算过程是将 LNG 低温气化器分为单液相区、气液两相区和单气相区，然后分别选用相应的关联式进行计算，各计算所得参数如表 5.5 所示。

表 5.5　LNG 低温气化器计算参数

参数	不同分区下的计算值		
	液相区	气液两相区	气相区
霜层厚度	3.0mm	1.5mm	0mm
h_o	9.0725W/(m²·K)	8.5288W/(m²·K)	5.781W/(m²·K)
K_f	32.6151W/(m²·K)	54.0750W/(m²·K)	115.9283W/(m²·K)
L	8.7241m	19.2158m	14.2528m
$n = \dfrac{L}{4.0}$	2.18 根	4.80 根	3.56 根

由表 5.5 可以看出，随着翅片管壁与空气间的温差不断减小，空气侧对流换热系数 h_o 沿气化分区逐渐减小。由于单液相区与气液两相区结霜，翅片管整体传热系数 K 明显比单气相区整体传热系数 K 小得多。本算例中，通过单液相区取霜层厚度为 3.0mm，气液两相区取霜层厚度为 1.5mm，单气相区不考虑结霜的方式，将结霜区域及霜层厚度均随时间发生变化的动态过程简化为静态过程进行设计计算。计算结果表明，翅片管每一排的总长度为

$$L_{total} = L_{liquid} + L_{gas\text{-}liquid} + L_{gas} = 8.7241 + 19.2158 + 14.2528 = 42.1927\text{m}$$

显然，单液相区最短，只占总长度的 20.7%，气液两相占 45.5%，单气相区占 33.8%。每一排所需翅片管总根数为 $n = 2.18 + 4.80 + 3.56 = 10.54$ 根，出口在底部，故取 10 根即可，则该 LNG 低温气化器由 8 排并列组合而成，每排由 10 根翅片管串联而成，每根翅片管长 4.0m，故气化器翅片管总根数为 $10 \times 8 = 80$ 根。翅片管总长度为 $80 \times 4.0 = 320$m。需要说明的是，本算例中单根翅片管的长度为 4.0m，读者可根据工艺要求、运行经济性等因素选择一定规格的翅片管长度，参照本例完成设计计算。

5.7　空温式翅片管气化器抑霜结构设计

5.7.1　空温式翅片管气化器抑霜方法

空温式翅片管气化器内流动的是温度远低于环境温度的低温介质，湿空气中的水蒸气很容易在翅片管表面相变结霜。翅片管内低温介质气化迅速吸收热量和翅片管外湿空气中的水蒸气相变结霜释放大量潜热都强化了两者之间的换热，但水蒸气相变结霜在增强换热的同时堆积在翅片管表面增加了热传导的厚度。翅片管表面结霜过程分为霜晶生长期、霜层成型期和霜层充分生长期[16]。在霜晶生长期，独立分散的霜晶呈针状和树枝状附着在翅片管表面，类似于翅片，强化了翅片管空气侧自然对流换热；随着霜层厚度的增加，霜层的导热热阻也不断增加，使得霜层增长到一定厚度就开始削弱换热，故解决空温式翅片管气化器表面湿空气中的水蒸气相变结霜问题是提高气化器换热效率的关键。

关于抑霜方法的探索，以实验研究为主，现有的空温式翅片管气化器抑霜方法大体上分为两类：一类是引入外来能量对翅片管表面的结霜过程进行干扰，以达到翅片表面延缓结霜甚至无霜的目的，如增设蓄热器、外加静电场、磁场、设置吸附材料、热气融霜、气流组织抑霜等；另一类无须提供额外动力，通过改变换热表面和翅片管结构，从而达到延缓霜出现、改变霜结构、减小霜晶体在翅片管表面的附着力等目的，如双管结构、表面涂层等。

1. 引入外来能量

引入外来能量可以达到不同程度的抑霜效果，如外加静电场和磁场可以延缓冷表面霜晶出现的时间，并对霜结构有所影响，但外加静电场和磁场的抑霜效果仅限于实验研究，在实际工程中并无明显效果[17,18]。超声波具有频率高、波长短、能量集中等优点，在结霜的初始阶段可以使翅片管表面上的冷凝液滴瞬间雾化，从而有效抑制霜的生长[19,20]。热气融霜是利用高温过热蒸汽作为热源，周期性地给气化器供热蒸汽来融化翅片管表面霜层，虽然能完全解决翅片管表面的结霜问题，但也带来了能源浪费和增添设备等问题。机械除霜主要是借助于机械臂等工具对翅片管表面上的霜层进行清除，在重力和惯性的作用下，霜层发生松动并脱落，从而达到除霜的目的。机械除霜费时、耗力，且当翅片管表面霜层附着力较大时，不能有效除霜[21]。空温式翅片管气化器表面结霜是环境空气与翅片管表面流动换热过程中因空气内部温度变化，而与换热过程同时发生的传质过程，改变空气流场分布可影响霜层的生长，气流组织抑霜技术就是利用侧吹风改变翅片管周围空气流动从而达到抑霜的目的[22]。设置吸附材料等利用干燥系统降低来流空气湿度可以起到抑制冷表面结霜的效果，但随着时间的增长，干燥剂作用以及干燥系统的吸收能力不断减弱，抑霜作用也逐渐消失，故在实际应用中不能够大量推广[17,23]。此外，还有学者利用低压气液分离器内加热来抑制结霜。

2. 不提供额外动力

1)改变翅片管结构

翅片管的基本几何尺寸包括基管外径和管壁厚、翅片高度和厚度、翅间距和管长。翅片管结构在影响气化器换热效率的同时还影响气化器表面霜层的生长。基管外径和管壁厚通常为标准尺寸，在改变翅片管结构时无须考虑。增加翅片高度可在提高翅片管换热量的同时减缓基管表面霜层的出现，从而减弱结霜对翅片管换热的影响，但当翅片高度超过一定值时就会降低翅片效率，因此改变翅片管高度时需考虑翅片效率。研究表明，翅片厚度对气化器换热量的影响较大，对气化器表面霜层生长的影响相关研究较少。在基础表面上增加翅片是在一定的材料消耗下极大限度地增加换热面积的有效方法，增加翅片加大了对流换热面积，有利于减小总面积热阻，但是翅片增加了固体导热阻力，因此增加翅片的数量取决于翅片的导热阻力与表面对流换热阻力之比。翅片个数较少时，翅片管空气侧 Nu 随翅片个数的增加呈线性关系递增，翅片数量较多，即翅片间距不够大时，会在实际运行过程中形成霜桥，阻塞空气流动，大幅降低换热效率[24]。综上所述，改变翅片管结构是可以达到不同程度抑霜效果的，但设计时需将翅片效率和固体导热阻力考虑在内。

2) 改变换热表面

表面涂层是最常见的改变翅片管换热表面的技术。表面涂层抑霜研究是在材料学基础上发展起来的一个新方向，是近年来冷表面抑霜研究的重点。涂层材料的物性，如附着能力、凝固点、挥发性等是影响降低结霜速率的重要因素。表面涂层研究主要包括亲水性涂层和疏水性涂层[25-27]。亲水性涂层材料中含有强吸水性物质，在结霜初始阶段可将凝结在冷表面的水珠吸附到亲水涂料层的内部，同时由于涂料层内含有能使吸附的水珠不发生冻结的物质，能够延缓形成初始霜晶[28]。疏水性表面由于表面能差异以及水的表面张力，冷凝水与壁面会形成不同的固定接触角，固定接触角的角度与临界脱落半径成反比，疏水性越好，其表面能越小，液滴脱离需克服的黏附功能就越小，因此越容易脱落，从而能够有效抑制结霜[29]。涂层是有明显抑霜效果的，但其抑霜能力随着霜层厚度的增加、时间的增长而逐渐降低。表面涂层抑霜技术在制冷领域的实用化进程仍有待于进一步的技术突破，涂层材料的厚度和持久度方面还需进一步的研究。

5.7.2　基于抑霜方法的结构优化设计

空温式翅片管气化器主要由翅片管与弯管组成，整体气化器由一根或若干根翅片管组成，翅片管的连接形式较多，目前常见的有两种：一种是串联式的，由多根翅片管用 U 型弯管依次首尾相接串联而成；另一种是并联式的，低温介质由入口的分液管集中输送至多根用弯管连接的翅片管后由集气管集中排出。任何连接形式的基本组成均是翅片管，翅片管由基管和翅片组合而成，基管通常为圆管，翅片纵向排列在基管上，较常见的有 6 翅、8 翅、12 翅。翅片管表面湿空气自然对流换热的流动方式为顺流和逆流，气化器工作过程中，低温介质在翅片管内气化经历单液相-气液两相-单气相三个换热段，在气液两相对流换热段，管内流体的温度沿传热面相差不大，无顺流、逆流之别，可设计成任意流动方式。在单相段，逆流比顺流有利，为充分利用逆流换热，流体流动方向多设置为逆流。

为便于生产和安装，传统空温式翅片管气化器的结构较单一，每米翅片管的换热量一定，根据使用所需换热量确定翅片管长度，通过 U 型弯管将翅片管首尾相接组装成气化器，每根翅片管的几何尺寸均相同。实际运行过程中，空温式翅片管气化器工作状态分为预冷和稳态两种工作状态，在不同工作状态和不同换热段，翅片管换热程度均不同，对应每根翅片管的换热量不同，翅片管表面的霜层生长情况也不同。空温式翅片管气化器在预冷工作状态下，翅片管内低温液体进入气化器后迅速气化，其过程包含气液两相段和单气相段两个换热段，翅片管表面结霜过程处于霜晶生长期和霜层生长期。若气化器经常性运行时间比较短，多处于预冷工作状态，则按预冷工作状态进行气化器的结构设计，设计时分为气液两相段和单气相段来计算，无须考虑翅片管表面的霜层。

　　空温式翅片管气化器在稳态工作状态下，低温液体在气化器内气化经历单液相段、气液两相段、单气相段三个换热段。在单液相段，翅片管内流体温度较低，翅片管表面与环境空气间温差较大，空气流动较明显，自然对流换热程度较强，结霜较迅速。沿翅片管径向越靠近翅根结霜现象越晚出现，基管表面成霜最晚，且霜层厚度从翅尖到翅根逐渐减小，霜晶主要沿厚度方向生长，多数呈针状和树枝状且分布稀疏，容易吹落，霜层增长到一定厚度就会有霜桥形成，开始有霜晶掉落，如图 5.16 所示。

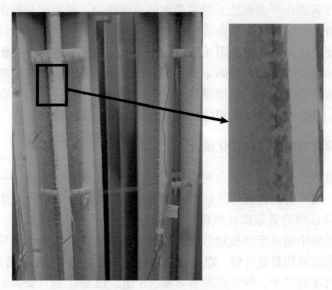

图 5.16　翅片管表面霜桥图

　　沿着管长方向，翅片管内低温液体逐步吸热气化，流体温度逐渐升高，与环境空气间温差逐渐减小，自然对流换热程度逐渐减弱。在气液两相段，翅片管内液体沸腾气化，管壁时而和气泡接触，时而和低温液体接触，翅片管表面温度分布较均匀，霜层生长均匀而缓慢，主要体现在霜密度上，基管表面几乎无霜层形成。在单气相段，翅片管内流体温度较高，翅片管表面无霜生成。相比于气液两相段和单气相段，单液相段翅片管表面自然对流换热程度较强，承受换热负荷较大，结霜也最为严重。若气化器运行时间较长，很短时间内就达到了稳定运行状态，则按稳定工作状态进行气化器的结构设计，设计单液相段翅片管时重点考虑单液相段翅片管气化器表面的结霜问题，减少翅片个数防止霜桥出现、增加翅片高度延缓翅片管表面霜层的出现。设计气液相段翅片管时，在考虑翅片表面霜层的情况下，可适当增加翅片个数和翅片高度以强化翅片管传热性能。在单气相段，翅片管表面温度高于水的三相点温度，翅片管表面只有很细密的水珠，并无霜晶形成，可按普通换热器设计计算，无须考虑霜层。

　　空温式翅片管气化器的结构优化设计大多是基于强化换热提出来的，基于抑霜方法的结构优化设计较少。将空温式翅片管气化器单液相段设计成双管结构，可有效改善翅片管表面的结霜状况，并提高空温式翅片管气化器的换热效率，但内管的直径和高度需进一步研究，其结构如图 5.17 所示。

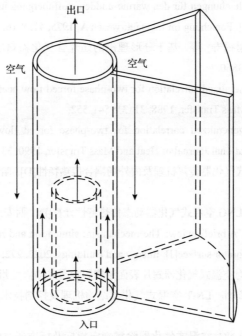

图 5.17　双管结构工作原理示意图

　　在气化器单液相段翅片管内添置套管，低温液体从内管通入气化器，在经历小段距离的上升之后流入内管与外管之间的环状间隙，进而与翅片管外管接触，贴近外管壁面处的低温液体首先通过翅片管吸收环境空气中的热量完成气化。翅片管表面结霜速率和霜层厚度受翅片管外表面温度影响较大，温度越低，空气中的水蒸气相转移速率越快，结霜速率越快，霜层越厚[30]。从内管流出的低温介质在环状间隙内无规律流动，显著提高了单液相段翅片管外表面温度，使得翅片管在一定长度内表面换热较均匀，翅片管外表面与环境空气间的温差降低，环境空气中水蒸气的相转移速率降低，结霜速率降低，从而达到抑制翅片管表面结霜的目的。

参 考 文 献

[1] 杨世铭, 陶文铨. 传热学[M]. 4 版. 北京: 高等教育出版社, 2006.

[2] 章熙民, 任泽霈, 梅飞鸣. 传热学[M]. 4 版. 北京: 中国建筑工业出版社, 2001.

[3] Churchill S W, Chu H H S. Correlating equations for laminar and turbulent free convection from a vertical plate[J]. International Journal of Heat and Mass Transfer, 1975, 18(11): 1323-1329.

[4] Sieder E N, Tate G E. Heat transfer and pressure drop of liquids in tubes[J]. Industrial & Engineering Chemistry, 1936, 28(12): 1429-1435.

[5] Gnielinski V. Neue gleichungen für den wärme-undden stoffübergang in turbulent durchströmten rohren und kanälen[J]. Forschung im Ingenieurwesen A, 1975, 41: 8-16.

[6] 陈叔平, 姚淑婷, 谢福寿, 等. 基于分形理论的翅片管气化器霜层热导率[J]. 化工学报, 2012, 63(12): 3855-3860.

[7] Klimenko V V. A generalized correlation for two-phase forced flow heat transfer[J]. International Journal of Heat and Mass Transfer, 1988, 31(3): 541-552.

[8] Klimenko V V. A generalized correlation for two-phase forced flow heat transfer—Second assessment[J]. International Journal of Heat and Mass Transfer, 1990, 33(10): 2073-2088.

[9] 刘珊珊. LNG 空温式气化器传热机理及内外场耦合传热特性[D]. 哈尔滨: 哈尔滨工业大学, 2017.

[10] 王杰. 结霜条件下 LNG 空温式气化器动态传热特性计算[D]. 西安: 西安石油大学, 2019.

[11] Liang X Y, Wu L J. A brief review: The mechanism; simulation and retardation of frost on the cold plane and evaporator surface[J]. Energy and Buildings, 2022, 272: 112366.

[12] 李文奇. 冷热流体对空温式气化器翅片表面结霜影响研究[D]. 兰州: 兰州理工大学, 2020.

[13] 黄中峰, 王云航, 邹伟. LNG 空温式气化器结霜机理及控制技术[J]. 煤气与热力, 2021, 41(8): 19-23.

[14] 任乐梅, 焦文玲. LNG 空温式气化器除霜判定指标及标准研究[J]. 煤气与热力, 2020, 40(11): 21-27.

[15] Jeong H, Byun S, Kim D R, et al. Frost growth mechanism and its behavior under ultra-low temperature conditions[J]. International Journal of Heat and Mass Transfer, 2021, 169: 120941.

[16] Hayashi Y, Aoki A, Adachi S, et al. Study of frost properties correlating with frost formation types[J]. Journal of Heat Transfer, 1977, 99(2): 239-245.

[17] 刘中良, 黄玲艳, 勾昱君, 等. 结霜现象及抑霜技术的研究进展[J]. 制冷学报, 2010, 31(4): 1-6.

[18] 郑捷庆, 庄友明, 张军, 等. 高电压技术在制冷设备除霜中的应用[J]. 高电压技术, 2007, 33(12): 97-100.

[19] 钱晨露, 王鑫, 李栋, 等. 表面特性对超声波脱除冷表面冻结液滴的影响[J]. 南京师范大学学报(工程技术版), 2016, 16(2): 54-59.

[20] 李栋, 陈振乾. 超声波瞬间脱除冷表面冻结液滴的试验研究[J]. 化工学报, 2013, 64(8): 2730-2735.

[21] Cheng C H, Shiu C C. Oscillation effects on frost formation and liquid droplet solidification on

a cold plate in atmospheric air flow[J]. International Journal of Refrigeration, 2003, 26(1): 69-78.

[22] 陈小娇, 武卫东, 汪德龙. 超疏水表面抑制结霜研究进展[J]. 表面技术, 2015, 44(2): 87-92.

[23] 盛伟, 李伟钊, 刘鹏鹏, 等. 抑制冷表面结霜的研究进展[J]. 制冷与空调, 2016, 16(11): 1-7.

[24] 陈叔平, 常智新, 韩宏茵, 等. 空温式翅片管气化器自然对流换热的数值模拟[J]. 低温与超导, 2011, 39(6): 58-63.

[25] 翟丽华, 邵英. 表面涂层抑制结霜的应用研究现状[J]. 家电科技, 2013, (7): 76-77.

[26] Wu X M, Webb R L. Investigation of the possibility of frost release from a cold surface[J]. Experimental Thermal and Fluid Science, 2001, 24(3/4): 151-156.

[27] Liu Z L, Zhang X H, Wang H Y, et al. Influences of surface hydrophilicity on frost formation on a vertical cold plate under natural convection conditions[J]. Experimental Thermal and Fluid Science, 2007, 31(7): 789-794.

[28] Okoroafor E U, Newborough M. Minimising frost growth on cold surfaces exposed to humid air by means of crosslinked hydrophilic polymeric coatings[J]. Applied Thermal Engineering, 2000, 20(8): 737-758.

[29] 汪峰, 梁彩华, 吴春晓, 等. 疏水性铝翅片表面的结霜/融霜特性[J]. 中南大学学报(自然科学版), 2016, 47(4): 1368-1373.

[30] 马强, 吴晓敏, 朱贝, 等. 水平冷面霜层生长的模拟[J]. 工程热物理学报, 2016, 37(3): 620-623.

附 录 A

A.1 网格划分程序

```
identifier name "new" new nosaveprevious
$rate=0
macro start "dimension1"
reset all
$mesh_size_fin_length=($long_fin+$radius_air)/80
/----空气表面
$mesh_size_air_inner=3.1416*$angle/(180*60)
/----外侧空气空间
$mesh_size_air_outer=$mesh_size_fin_length+1
/************Aided Dimension*****************************
$Radius_outPipe=$Radius+$Delta_Pipe
$half_Delta_fin=$Delta_fin/2
$reflect_Vector_Angle=$angle/2+90
$reflect_Vector_x=cos($reflect_Vector_Angle)
$reflect_Vector_y=sin($reflect_Vector_Angle)
/***************网格划分参数***************************
/----翅片截面网格
$mesh_size_fin_cross_section=$Delta_fin/3
/----管截面
$mesh_size_pipe_cross_section=$Delta_Pipe/6
/----空气表面 0.55
$mesh_ratio_air_inner=0.7
/----翅片表面
$mesh_ratio_fin_length=1.02
/----外侧空气空间
$mesh_ratio_air_outer=1
/----沿高度方向
$mesh_size_height=4
```

```
macro end
macro start "dimension"
/***************基本几何尺寸*****************************
/************Aided Dimension*****************************
$Radius_outPipe=$Radius+$Delta_Pipe
$half_Delta_fin=$Delta_fin/2
$reflect_Vector_Angle=$angle/2+90
$reflect_Vector_x=cos($reflect_Vector_Angle)
$reflect_Vector_y=sin($reflect_Vector_Angle)
/***************网格划分参数*****************************
/----翅片截面网格
$mesh_size_fin_cross_section=$Delta_fin/3
/----管截面
$mesh_size_pipe_cross_section=$Delta_Pipe/4
/----翅片表面
$mesh_ratio_fin_length=1.03
$mesh_size_fin_length=($long_fin+$radius_air)/90
/----外侧空气空间
$mesh_size_air_outer=3
$mesh_ratio_air_outer=1
/----空气外围 0.55
$mesh_ratio_air_inner=0.7
$mesh_size_air_inner=3.1416*($long_fin+$radius_air+$radius_air)*$a
ngle/(180*80)
/----沿高度方向
$mesh_size_height=5
macro end
macro start "build2D"
/***********Base Geometry Creation *********************
reset all
vertex create "central.point" coordinates 0 0 0
edge create "pipe.in" radius $Radius startangle 0 endangle $angle center
"central.point" xyplane arc
edge create "pipe.out" radius $Radius_outPipestartangle 0 endangle
$angle center "central.point" xyplane arc
```

```
vertex cmove "vertex.4" multiple 1 offset $long_fin 0 0
vertex cmove "vertex.6" multiple 1 offset $radius_air 0 0
edge create "fin_edge1" "fin_edge2" "fin_edge3" "fin_edge4" straight
"central.point" "vertex.2" "vertex.4" "vertex.6" "vertex.7"
```

/-----生成单侧翅片定义

```
face create "fin_face" "fin_face2" "fin_face3" translate "fin_edge2"
"fin_edge3" "fin_edge4" vector 0 $Delta_fin 0
face unite faces "fin_face" "fin_face2" real
edge create straight "vertex.3" "vertex.5"
face create "tube_pace" wireframe "edge.16" "pipe.in" "pipe.out"
"fin_edge2" real
edge split "edge.12" tolerance 1e-06 edge "pipe.out" keeptool connected
face create translate "edge.7" onedge "edge.12"
face subtract "fin_face" faces "face.5"
face creflect "fin_face" "fin_face3" multiple 1 vector $reflect_Vector_x
$reflect_Vector_y 0 origin 0 0 0
face subtract "tube_pace" faces "fin_face" "face.5" keeptool
edge create "air" center2points "central.point" "vertex.13" "vertex.28"
minarc arc
face create "tue_pace" wireframe "edge.45" "edge.18" "edge.26" "edge.15"
"air" "edge.30" real
/**************Clean Up Duplicate Faces and Edges*********
default set "GRAPHICS.GENERAL.CONNECTIVITY_BASED_COLORING" numeric 1
default set "GEOMETRY.FACE.SHARP_ANGLE_MERGE" numeric 1
edge connect "edge.24" "edge.44" real
edge connect "edge.25" "edge.46" real
edge connect "edge.27" "edge.33" real
default set "GEOMETRY.FACE.SHARP_ANGLE_MERGE" numeric 0
edge merge "fin_edge3" "edge.23" forced
edge merge "edge.28" "edge.29" forced
edge delete "fin_edge1" lowertopology
/***************Specify Mesh Space*************
```

/-----翅片截面网格

```
edge picklink "edge.24" "edge.31" "edge.27" "edge.25" "edge.14"
"edge.11"
```

```
edge mesh "edge.24" "edge.11" "edge.14" "edge.25" "edge.27" "edge.31"
successive ratio1 1 size $mesh_size_fin_cross_section
  /----管截面
  edge picklink "edge.16" "fin_edge2"
  edge   mesh   "fin_edge2"   "edge.16"   successive   ratio1   1   size
$mesh_size_pipe_cross_section
  /----空气内表面$mesh_ratio_air_inner
  edge picklink "air"
  edge   mesh   "air"   biexponent   ratio1   $mesh_ratio_air_inner   size
$mesh_size_air_inner
  /----翅片表面$mesh_ratio_fin_length
  edge picklink "edge.28" "edge.26" "edge.18" "fin_edge3"
  edge mesh "fin_edge3" "edge.18" "edge.26" "edge.28" successive ratio1
$mesh_ratio_fin_length size $mesh_size_fin_length
  /----外侧空气空间
  /edge picklink "fin_edge4" "edge.15" "edge.30" "edge.32"
  edge mesh "fin_edge4" "edge.15" "edge.30" "edge.32" successive ratio1
$mesh_ratio_air_outer size $mesh_size_air_outer
  face mesh "fin_face" map
  face mesh "face.5" map
  face mesh "fin_face3" map
  face mesh "face.6" map
  face mesh "tue_pace" map
  face mesh "tube_pace" map
 macro end
 macro start "creat3d"
 vertex cmove "vertex.7" multiple 1 offset 0 0 $Height
 edge create "along" straight "vertex.7" "vertex.43"
 edge delete "along" keepsettingsonlymesh
 edge picklink "along"
 edge mesh "along" successive ratio1 1 size $mesh_size_height
 volume create translate "tue_pace" "fin_face" "fin_face3" "tube_pace"
"face.5" "face.6" onedge "along" withmesh
 default set "GEOMETRY.FACE.SHARP_ANGLE_MERGE" numeric 1
 edge connect "edge.69" "along" real
```

```
default set "GEOMETRY.FACE.SHARP_ANGLE_MERGE" numeric 0
/*************Specify Continuum Types*******************
physics create "fin-tube" ctype "SOLID" volume "volume.2"
"volume.4""volume.5"
physics create "air" ctype "FLUID" volume "volume.1" "volume.3"
"volume.6"
/*************Specify Boundary Types********************
physics create "liqud-wall" btype "WALL" face "face.27"
physics create "up-side" btype "PRESSURE_INLET" face "face.24" "face.14"
"face.41" "face.22" "face.12" "face.40"
physics create "down" btype "PRESSURE_OUTLET" face "fin_face3"
"tue_pace" "face.6"
physics create "air-left-sym" btype "SYMMETRY" face "face.20"
physics create "air-right-sym" btype "SYMMETRY" face "face.39"
physics create "fin-left-sym" btype "SYMMETRY" face "face.15" "face.25"
physics create "fin-right-sym" btype "SYMMETRY" face "face.29" "face.34"
physics create "fin-up-down" btype "WALL" face "face.36" "face.31"
"face.19" "face.5" "tube_pace" "fin_face"
physics create "cool-wall" btype "WALL" face "face.8" "face.10"
"face.11" "face.17" "face.35"
macro end


macro start "output_2d_bmp"
window full
hardcopy window 1 bmp $name
macro end
macro start "setup"
do para "$rate" init 30 cond ($rate .le. 600) incr 30
    macrorun name "dimension"
    macrorun name "build2D"
    $name="length-"+Ntos($Height)+"-rate-"+Ntos($rate)
    macrorun name "output_2d_bmp"
enddo
macro end
macro start "buildmseh"
```

```
do para "$rate" init 30 cond ($rate .le. 600) incr 30
    macrorun name "dimension"
    macrorun name "build2D"
    macrorun name "creat3d"
    $name="length-"+Ntos($Height)+"-rate-"+Ntos($rate)
    export fluent5 $name
enddo
macro end
macro start "buildMesh"
macrorun name "build2D"
macrorun name "creat3d"
macro end
```

A.2 自动计算及数据提取程序 1

run.cmd文件内容：

```
@echo off
echo define boundary conditions and make case file.
::C:\Fluent.Inc\ntbin\win64\fluent.exe -r6.3.26 -i forgr.jou2 3d
set ldrate=1
:continue
echo %ldrate% >t.txt
if exist forgr.cas del forgr.cas
flsi.lnk
:continue1
ping 127.1 -n 5 >nul
echo 正在计算，请勿移动窗口，否则会造成计算停止
tasklist|find /i "fl6326s.exe"
if %errorlevel%==0 goto continue1
call :killfluent
echo down
echo l-d-rate is %ldrate% is running! Wait.
echo l-d-rate is %ldrate%:\n >> result.txt
flmu.lnk
::C:\Fluent.Inc\ntbin\win64\fluent.exe -irun.scm 3d -t8
:continue2
```

```
ping 127.1 -n 10 >nul
echo 正在计算，请勿移动窗口，否则会造成计算停止
tasklist|find /i "cx373.exe"
if %errorlevel%==0 goto continue2
echo 突破
if exist output.txt (type output.txt >> result.txt del output.txt) else
(rate %errorlevel% null data >> result.txt)
::设置迭代步长
set /a ldrate +=2
if %ldrate% lss 32 goto continue
if exist t.txt del t.txt
goto end
:killfluent
tasklist|find /i "fl_mpi6326.exe"
if not errorlevel 0 taskkill /f /im fl_mpi6326.exe /t
tasklist|find /i "cx373.exe"
if not errorlevel 0 taskkill /f /im cx373.exe /t
tasklist|find /i "mpiexec.exe"
if not errorlevel 0 taskkill /f /im mpiexec.exe /t
tasklist|find /i "smpd.exe"
if not errorlevel 0 taskkill /f /im smpd.exe /t
tasklist|find /i "fluent.exe"
if not errorlevel 0 taskkill /f /im fluent.exe /t
tasklist|find /i "conhost.exe"
if not errorlevel 0 taskkill /f /im fluent.exe /t
tasklist|find /i "f16326s.exe"
if not errorlevel 0 taskkill /f /im conhost.exe /t
goto :eof
:end
exit
```

A.3　自动计算及数据提取程序 2

Run.scm 文件内容：
```
(define Tfile (open-input-file "t.txt"))
(define TT (read Tfile))
```

```
(close-input-port Tfile)
(ti-menu-load-string (format #f "file/start-transcript trans-1-d-~
d.txt yes" TT))
(ti-menu-load-string "file/read-case forgr.cas")
grid/check
(ti-menu-load-string
"solve/initialize/compute-defaults/pressure-inlet up-side")
(ti-menu-load-string "solve/initialize/set-defaults/k 0.01")
(ti-menu-load-string "solve/initialize/set-defaults/temperature 300")
(ti-menu-load-string "solve/initialize/set-defaults/omega 1")
(ti-menu-load-string "solve/initialize/set-defaults/pressure 0.01")
(ti-menu-load-string "solve/initialize/set-defaults/x-velocity 0.01")
(ti-menu-load-string "solve/initialize/set-defaults/y-velocity 0.01")
(ti-menu-load-string "solve/initialize/set-defaults/z-velocity -0.01")
(ti-menu-load-string "solve/initialize/initialize-flow")
(ti-menu-load-string "solve/iterate 1000")
(ti-menu-load-string (format #f "file/write-case-data 1m-1-d~04d" TT))
(with-output-to-file "output.txt" (lambda () (ti-menu-load-string "report/
fluxes/heat-transfer no cool-wall   ")))
report/summary no
file/stop-transcript
(cx-gui-do cx-activate-item "MenuBar*FileMenu*Hardcopy...")
(cx-gui-do cx-set-toggle-button "Graphics Hardcopy*Frame1(Format)*
ToggleBox1(Format)*JPEG" #f)
(cx-gui-do cx-activate-item "Graphics Hardcopy*Frame1(Format)*ToggleBox1
(Format)*JPEG")
(cx-gui-do cx-set-toggle-button "Graphics Hardcopy*Frame2(Coloring)*
ToggleBox2(Coloring)*Color" #f)
(cx-gui-do  cx-activate-item  "Graphics  Hardcopy*Frame2(Coloring)*
ToggleBox2(Coloring)*Color")
(cx-gui-do cx-set-integer-entry "Graphics Hardcopy*Frame4(Resolution)*
IntegerEntry1(Width)" 800)
(cx-gui-do cx-set-integer-entry "Graphics Hardcopy*Frame4(Resolution)*
IntegerEntry2(Height)" 600)
(cx-gui-do cx-activate-item "Graphics Hardcopy*PanelButtons*PushButton1
```

```
(OK)")
  (cx-gui-do cx-set-text-entry "Select File*Text" (format #f "1-d-~04d"
TT))
  (cx-gui-do cx-activate-item "Select File*OK")
  (cx-gui-do cx-activate-item "Graphics Hardcopy*PanelButtons*PushButton2
(Cancel)")
  (exit)
```